应用型高等教育财经类专业"十三五"规划教材

# 情商实训教程

熊小芬　周　珣　主　编
李娅茜　杨　杰　副主编

上海财经大学出版社

## 图书在版编目(CIP)数据

情商实训教程/熊小芬,周珣主编. —上海:上海财经大学出版社,2018.6

(应用型高等教育财经类专业"十三五"规划教材)

ISBN 978-7-5642-3040-1/F·3040

Ⅰ.①情… Ⅱ.①熊…②周… Ⅲ.①情商-能力培养-高等学校-教材 Ⅳ.①B842.6

中国版本图书馆 CIP 数据核字(2018)第 110230 号

□ 责任编辑　袁　敏
□ 封面设计　张克瑶

### 情商实训教程

熊小芬　周　珣　主　编
李娅茜　杨　杰　副主编

上海财经大学出版社出版发行
(上海市中山北一路 369 号　邮编 200083)
网　　址:http://www.sufep.com
电子邮箱:webmaster@sufep.com
全国新华书店经销
上海叶大印务发展有限公司印刷装订
2018 年 6 月第 1 版　2021 年 8 月第 3 次印刷

787mm×1092mm　1/16　11 印张　282 千字
印数:3 601—5 100　定价:38.00 元

# 前　言

情商也被称作情绪智力。美国哈佛大学著名心理学家丹尼尔·戈尔曼在其1995年出版的著作《Emotional Intelligence》（注：汉译为《情绪智力》或《情商》）中，对情商这一概念进行了说明。国内清华大学经济管理学院吴维库教授给出了情商的定义：情商就是管理情绪的能力。这里的管理情绪，既包括管理自己的情绪，也包括管理他人的情绪。目前心理学界普遍认为，情商主要包括5个方面的能力，即认识自身情绪的能力、控制自己情绪的能力、激励自己的能力、认识他人情绪的能力以及处理人际关系的能力。

在日常生活中，我们常常看到这样的情况：有着相同教育背景、家庭背景的两个人，在大学毕业后的发展却大相径庭；中学时期成绩不如你的同学如今却过得红红火火，拥有了自己的公司。情商，是其中的重要因素。情商是个人幸福和成功的关键所在，拥有高情商的人，能够正确地评价自己，保持独立的人格，并让自己的理想切合实际。高情商的人能适当地控制自己的情绪，保持良好的人际关系，在符合团队要求的前提下最大限度地发挥自己的个性。高情商的人懂得接受自己、接受别人、接受现实，善于学习他人的长处，发现生活中的美。

先天性的遗传因素对情商的影响和作用并不太明显，情商主要是通过后天的教育、培养和熏陶而逐渐形成的。即使是成年以后，情商还是可以通过训练得到提高，所以，要时时刻刻在日常生活和学习中培养提高自己的情商，以收获更大的成功和更多的幸福。

情商教育是一个系统工程，与学校、家庭、社会及学生本人都有很大的关联，提高大学生的情商水平也可以从这四个方面展开，尤其是作为受教育的主要场所，高校教育与大学生的情商密切相关。情商教育的目的在于教会学生做人、学会学习、学会合作，也是促进学生互动教育、自我历练、提高素质的最好模式。健康的、积极的非智力因素得以培养，激发、维持、调节学生学习的积极性，产生主动学习、自我发展的内驱力。

《情商实训教程》就是在这种理念下产生的。我们的大学生进校时都已成年，但多数思想并不成熟，由实行应试考试制度的中学进入主要靠自主学习为主的大学，常常会无所适从、迷失方向。本实训教程既适合大学生课外阅读及练习，也适合教师情商课程的教学。

本实训教程共6章。第一章给出了与情商相关的基本理论；第二章，自我认识能力实训，对自我认识进行了解读，并给出了6个实训项目；第三章，自我控制能力实训，在对自我控制进行阐述的基础上给出了6个实训项目；第四章，自我激励能力实训，给出了5个实训项目；第五章，认识他人情绪能力实训，对如何认识他人情绪进行了说明，给出了6个实训项目；第六章，人际关系处理能力实训，对人际关系的概念、分类、动机等进行了说明，给出了6个实训项目。

本实训教程的框架结构、提纲与内容体系由武汉华夏理工学院熊小芬老师确定,并负责审稿。本教程熊小芬、周珣任主编,李娅茜、杨杰任副主编。全书编写分工为:第一、第二章(熊小芬),第三、第六章(周珣、熊小芬),第四章(李娅茜、熊小芬),第五章(杨杰、熊小芬),附录部分(熊小芬)。

本书在编写过程中得到了武汉理工大学程艳霞教授、朱苏丽老师的大力指导,参阅了大量同行专家的有关著作、教材及案例等文献,主要参考文献已列在书后,在此,一并表示衷心感谢!

编　者

2018年4月

# 目 录

前言 ………………………………………………………………………………… 1

## 第一章 情商基本理论 ………………………………………………………… 1
### 第一节 情绪及情绪管理 ……………………………………………………… 3
一、情绪的概念 ……………………………………………………………… 3
二、情绪产生的生理基础 …………………………………………………… 4
三、情绪的状态 ……………………………………………………………… 8
四、情绪管理 ………………………………………………………………… 9
### 第二节 情绪理论 ……………………………………………………………… 12
一、情绪效应理论 …………………………………………………………… 12
二、情绪 ABC 理论 ………………………………………………………… 14
### 第三节 情商的概念及其能力结构 …………………………………………… 16
一、情商的概念 ……………………………………………………………… 16
二、情商的重要性 …………………………………………………………… 18
三、情商的能力结构 ………………………………………………………… 19
四、积极地开发情商 ………………………………………………………… 21

## 第二章 自我认识能力实训 …………………………………………………… 29
### 第一节 自我认识概况 ………………………………………………………… 30
一、自我认识的含义 ………………………………………………………… 30
二、如何正确认识自我 ……………………………………………………… 31
### 第二节 自我认识实训项目 …………………………………………………… 38
自我认识实训一 ……………………………………………………………… 39
自我认识实训二 ……………………………………………………………… 42

自我认识实训三 …………………………………………………………… 44
　　自我认识实训四 …………………………………………………………… 47
　　自我认识实训五 …………………………………………………………… 49
　　自我认识实训六 …………………………………………………………… 50

## 第三章　自我控制能力实训 …………………………………………………… 54
### 第一节　自我控制概况 ……………………………………………………… 55
　　一、自我控制的概念 ……………………………………………………… 55
　　二、自我控制的方法 ……………………………………………………… 57
### 第二节　自我控制实训项目 ………………………………………………… 68
　　自我控制实训一 …………………………………………………………… 69
　　自我控制实训二 …………………………………………………………… 71
　　自我控制实训三 …………………………………………………………… 73
　　自我控制实训四 …………………………………………………………… 74
　　自我控制实训五 …………………………………………………………… 74
　　自我控制实训六 …………………………………………………………… 76

## 第四章　自我激励能力实训 …………………………………………………… 82
### 第一节　自我激励概况 ……………………………………………………… 83
　　一、自我激励的含义 ……………………………………………………… 83
　　二、自我激励的方法 ……………………………………………………… 83
　　三、自我激励的境界 ……………………………………………………… 86
　　四、自我激励的作用 ……………………………………………………… 86
### 第二节　自我激励实训项目 ………………………………………………… 88
　　自我激励实训一 …………………………………………………………… 88
　　自我激励实训二 …………………………………………………………… 90
　　自我激励实训三 …………………………………………………………… 93
　　自我激励实训四 …………………………………………………………… 96
　　自我激励实训五 …………………………………………………………… 97

## 第五章　认识他人情绪能力实训 ……………………………………………… 102
### 第一节　认识他人情绪概况 ………………………………………………… 103
　　一、认识他人情绪的目的 ………………………………………………… 103

二、如何认识他人情绪 ············································· 103
　　三、如何理解他人的情绪 ··········································· 106
　　四、改善他人情绪的前提 ··········································· 107
　　五、巧妙地控制他人的情绪 ········································· 108
　第二节　认识他人情绪实训项目 ········································ 111
　　认识他人情绪实训一 ··············································· 111
　　认识他人情绪实训二 ··············································· 114
　　认识他人情绪实训三 ··············································· 117
　　认识他人情绪实训四 ··············································· 120
　　认识他人情绪实训五 ··············································· 123
　　认识他人情绪实训六 ··············································· 125

## 第六章　人际关系处理能力实训 ········································ 128
　第一节　人际关系处理概况 ············································ 129
　　一、人际关系的含义及动机 ········································· 129
　　二、人际关系的重要性及交往原则 ··································· 130
　　三、人际关系的基本模式 ··········································· 131
　　四、处理人际关系的十大黄金法则 ··································· 132
　第二节　人际关系处理能力实训项目 ···································· 134
　　人际关系处理能力实训一 ··········································· 134
　　人际关系处理能力实训二 ··········································· 137
　　人际关系处理能力实训三 ··········································· 140
　　人际关系处理能力实训四 ··········································· 141
　　人际关系处理能力实训五 ··········································· 147
　　人际关系处理能力实训六 ··········································· 150

## 附录　情商测试 ······················································ 155
　情商测试一：国际标准情商测试题——测测你的情商是多少？ ··············· 156
　情商测试二：SCL-90症状自评量表 ······································ 159

## 参考文献 ···························································· 166

# 第一章　情商基本理论

### 案例导入

神童和他母亲的故事

1984年12月,湖南的天气愈发寒冷,华容县下起了入冬后的第一场雪。

为了带孩子,31岁的曾学梅把1岁6个月大的魏永康带到自己的单位,那天特别冷,曾学梅上班的饮食公司也基本没什么客人。

在几乎所有员工都百无聊赖的时候,他们发现了曾学梅身边仅有1岁多的永康。"你会写字吗?"一个员工逗着还不怎么会走路的魏永康。正在地上爬来爬去的魏永康点了点头。

"嘿!你写字,每写一个字,就给你一粒花生米。"说着,他向永康晃了晃手中的一把花生米,顺便给了永康一粒。

尝到又酥又香的花生米后,魏永康明白了,只要写下字,就能得到花生米,于是他就用粉笔趴在地上写了起来。

从最简单的"人"字开始,魏永康为了能够获得花生米使出浑身解数,在冰凉的水泥地板上写下了七八十个不同的字,也因此获得了七八十粒花生米。

当魏永康已经不会再写其他字后,大人们沸腾了起来。这是魏永康最初的"高光"时刻。其实,曾雪梅在魏永康1岁3个月时就开始教他写字,到了魏永康两岁时,他已经能够掌握1000多个汉字。"神童"的称呼就此传开。

此后,四岁的魏永康基本学完了初中阶段的所有课程。

1991年10月,年仅8岁的魏永康连跳几级,进入县属重点中学读书。也是从1991年开始,湖南省内的媒体发现了这个小县城中的"神童",并进行了报道。

魏永康在学习方面的天分和智商确实让人叹为观止。从上中学以后,他获得的各类奖状和证书,如"奥林匹克竞赛化学二等奖、三等奖"、"物理学竞赛二等奖"、"(希望杯)全国数学邀请赛获奖"等等,令他的"神童"之名更加"名副其实"。

1996年,13岁的魏永康以总分602分考进湘潭大学物理系,成为当地年纪最小的少年大学生。

早在魏永康8岁上中学开始,曾学梅就在中学领导的安排下,在学校附近租了一间小房子。在"智商"教育一路凯歌之时,曾学梅对魏永康的"情商"教育似乎并不怎么看重,甚至完全忽视了。

除了学习,家里任何事情曾学梅都不让魏永康插手,每天早晨连牙膏都要挤好,给儿子洗衣服、端饭、洗澡、洗脸,甚至为了让儿子在吃饭的时候不耽误看书,魏永康读高中的时候,曾学梅还亲自给他喂饭。曾学梅经常对魏永康说:"只有专心读书,将来才会有出息。"

魏永康自己曾说,小时候妈妈总是把他关在家里看书,从不允许他出去玩。只要有女生打电话给他,他妈妈都说他不在家,担心分散他的精力。因此他养成了不爱说话的习惯,周围的同学也渐渐疏远了他。

从小学到大学,魏永康的生活都是曾雪梅一手包办的。"我心想,他将来长大离开我,人这么聪明,很快就能学会的,不晓得他已经形成习惯,改不过来了。"曾雪梅说。

1996年9月,魏永康在妈妈的陪同下来到湘潭大学。曾学梅强烈要求陪读。考虑到魏永康年纪确实太小,生活尚不能自理,学校特地安排曾学梅做勤杂工补贴家用,还划拨了一套一室一厅的住房供他们母子无偿使用。

2000年5月,17岁的魏永康以总分第二的成绩考进中国科学院高能物理所,成为硕博连读研究生。这时候,曾学梅才结束了她的陪读生涯。

进入中科院的魏永康,脱离了母亲的照顾后,彻底"失控"了。他完全无法安排自己的学习和生活:热了不知道脱衣服,而大冬天不知道加衣服,穿着单衣、趿着拖鞋就往外跑;房间不打扫,屋子里臭烘烘的,袜子、脏衣服到处乱扔;他经常一个人窝在寝室里看书,却忘了还要参加考试和撰写毕业论文,为此他有一门功课记零分,而没写毕业论文也最终让他失去了继续攻读博士的机会。

2003年7月,魏永康连硕士学位都没拿到就被学校劝退了。之后的两年,他始终都没有找到未来的"出路",之后的求职、求学之路则一路坎坷。

2005年10月,上海一家航天研究机构得知魏永康的情况后,邀请他去上班,由于生活的"不适应",他辞去了工作。此后,魏永康曾在深圳、南京等地工作。在他辗转求职的过程中,他还曾参加过北京工业大学的研究生考试,并且顺利毕业。目前,魏永康已在一家公司从事软件开发工作,拿着可观的薪水。

经历挫折以后,魏永康在亲朋好友的帮助下逐渐适应了生活,魏永康学会了与人打交道的基本礼节,显得越来越开朗,还学会了烧菜,并能够做出几道比较可口的菜肴。

我国恢复高考之初,中国科技大学少年班汇集了当时国内最耀眼的"神童",引起了社会的普遍关注。可事隔40余年后,有资料显示,这些"神童"学成毕业后,在其所从事的各个领域中,卓有成就者未见得比同时代的普通大学生多。类似的情况,国外也不乏其例,韩国当年最负盛名的"神童"金雄镐,两岁时就会读写汉字2 500个,10岁时智商高达210,然而随着年龄的增长,金雄镐越来越趋于平常,他参加了1979年的高考,成绩在2 763名录取者中仅居第2 420名。1990年有报道说,27岁的金雄镐已是一个极为普通的青年。

聪明人不一定是成功者,不过聪明人可以通过调整自我,为自己开辟出一条通往成功的道路。而这个开辟的过程就是调整自我的过程,也就是一个人的情商在起作用的过程。而你还要相信一点的是:你的智商也许无法改变,但是情商绝对还有提升的空间,它是伴随着你的成长而成长的,你完全有时间和可能让它变得强大起来。

【情商感悟】 一个人,只有发现自己的不足,让自己的性格和情绪得以改善,才能在事业中不断前进,并实现自己的梦想。有智慧的人并非都能成功,但成功的人必定都会有着不俗的情商。

## 第一节　情绪及情绪管理

### 一、情绪的概念

情绪(emotion)一词来源于拉丁语"motere",意为"行动、移动",加上前缀"e"含有"移动起来"的意思,说明每一种情绪都隐含着某种行动的倾向。情绪导致行动,往往在动物或儿童身上表现得更为明显。

关于情绪的确切含义,心理学家和哲学家已经辩论了100多年。根据《牛津英语词典》的解释,情绪的字面意思是"心理、感受、激情的激动或骚动,任何激烈或兴奋的精神状态"。

在现实生活中,人们有时会感到高兴和喜悦,有时会感到悲伤和忧虑,有时会感到气愤和憎恶,有时会感到爱慕和钦佩,有时会感到孤独和恐惧,等等。这些都是人的情绪过程。情绪是极其复杂的心理现象,它有着独特的心理过程。

心理学对情绪的定义是:个体对本身需要和客观事物之间关系的短暂而强烈的反应,是一种主观感受、生理反应、认知的互动,并表达出特定的行为。从这个定义我们知道:

1. 情绪是本身对外界的一种自然反应。

情绪没有好坏对错,只是本身需要对客观事物的反应,而且人人都有喜怒哀乐等情绪,因此要主动接纳自己正在发生的情绪,不去批判和怀疑它。

2. 情绪是感受与认知的一种内在互动。

正面或负面情绪的出现,是自身对需求得到满足或者没有得到满足时的一种生理反应。因此,任何一种情绪的背后,都对应着自身感受与主观认知的一种互动。

3. 情绪会转化为一种特定的行为。

情绪是由外而内地感受、互动,然后又由内而外地表现、行动。即,外界环境影响并产生情绪,而情绪又会通过特定的表情、语言以及动作表现出来。

● 人在生气的时候,血液会流到手部,以方便抓起武器或攻击敌人,同时心率加快、肾上腺素激增,为强有力的行动提供充沛的能量驱动。

● 人在恐惧的时候,血液会流到大块的骨骼肌,比如双腿,以方便逃跑,而且面部会由于血液的流失而发白。

● 人在快乐的时候,主要的生理变化是负责抵制负面感觉及提升可用能量的大脑中枢活跃度增强,而产生忧虑情绪的大脑中枢趋于平静。

● 人在悲伤的时候,会降低生命活动的热情和能量,随着悲伤情绪的加深,并慢慢滑向沮丧,人体的新陈代谢就会减缓。

……

人类有几百种情绪,此外还有很多混合、变种、突变以及具有细微差异的"近亲"。情绪的微妙之处已经大大超越了人类语言能够形容的范围,情绪不可能被完全消灭,但可以进行有效疏导、有效管理、适度控制。主要的情绪一般包括如下几种:

愤怒:狂怒、暴怒、怨恨、激怒、恼怒、义愤、气愤、刻薄、生气、易怒、敌意等,最极端的表现为病态的仇恨和暴力。

悲伤：忧伤、歉疚、沉闷、阴郁、自怜、寂寞、沮丧、绝望等,病态表现为严重抑郁。

恐惧：焦虑、忧虑、焦躁、担忧、惊恐、疑虑、警惕、恐怖等,病态表现为恐惧症和恐慌。

喜悦：幸福、欢乐、欣慰、满意、极乐、快乐、可笑、自豪、狂喜等,极端表现为躁狂症。

喜爱：认同、友爱、信任、仁慈、亲和、迷恋、圣爱等。

惊讶：震惊、惊奇、惊叹等。

厌恶：轻蔑、鄙视、蔑视、憎恶、讨厌、反感等。

羞耻：内疚、尴尬、懊恼、悔恨、羞辱、后悔、屈辱、悔改等。

美国加利福尼亚大学旧金山分校心理学家保罗·艾克曼向世界各地的人群展示人类的4种基本情绪(喜悦、愤怒、悲伤、恐惧)所对应的特定面部表情的人像,包括没有文字、尚未受到电影电视污染的人群,甚至包括新几内亚高地的福瑞人,该部落与世隔绝,仍处于石器时代,他发现这几种情绪为世界各地不同的文化所公认,所有文化均能识别这些基本情绪,这说明这几种基本情绪具有普遍性。艾克曼的发现在一定程度上证实了,人类的确存在少数几种核心情绪。核心情绪也被称为基本情绪,是指导情感的红、黄、蓝三原色,以此为基础可混合为成千上万种的复合情绪。

情绪的产生是一种自然的反应,本身没有好坏,一般只划分为积极情绪、消极情绪。我们不需要谈"情绪"变色,但是不同的情绪所引发的行为则会带来不同的后果。

作家三毛在上初中二年级的时候,数学成绩不太好,数学老师不喜欢她。每到上数学课她就紧张,总是头昏脑涨,数学成绩更是每况愈下。由于数学成绩不好,经常遭到数学老师的羞辱,所以她特别怕数学老师的眼光。后来发展到出现了心理障碍,一想到上数学课就紧张,再到后来,每天早上起床后,一想到今天有数学课,就立刻昏倒了。三毛真的没有所谓的"数学细胞"吗?恐怕不见得。

从三毛的故事可以看出,不良的情绪会消磨人的自信、影响人的生活,尤其是长期形成的惯性思维和固定的对待事物的情绪会影响人的一生。

## 二、情绪产生的生理基础

大脑是产生情绪的物质基础,情绪是脑功能正常与否的外在体现。但凡动物都有情绪,因为都有可以思考的大脑,在情绪的引领下求生存、求适应、求发展。当脑功能正常时,情绪反应与认知一致。也就是说,获得满意时感觉愉快,不满意时感觉痛苦;而脑功能出现故障时,情绪就会紊乱,比如意识不清时、得精神病时,情绪就会失常。

(一)大脑的结构

人脑由细胞和神经液组成,重约3磅,大脑最原始的部分是包围在脊髓顶端的脑干,所有具备不止一个最微型神经系统的生物都有脑干。位于大脑最下端的脑干主导呼吸、人体其他器官的新陈代谢等生命基本功能,同时控制刻板反应和动作。脑干没有思考或学习的功能,它只是一个预先设定程序的自动调节器,旨在维持身体的正常运转,并作出确保生存的反应。这种大脑统治了爬行动物时代,不妨想象这个画面:一条吐着信子的蛇面对攻击的威胁发出"咝咝"的声音。

脑干是大脑最原始的部分,也是情绪中枢的起源,情绪脑结构简图如图1—1所示。人类情绪最早起源于嗅觉,更准确地说是起源于嗅叶,即接收并分析气味的细胞。每一种活的个体,无论是好吃的还是有毒的,无论是性感的伴侣还是天敌或者猎物,都携带着一种独特的分

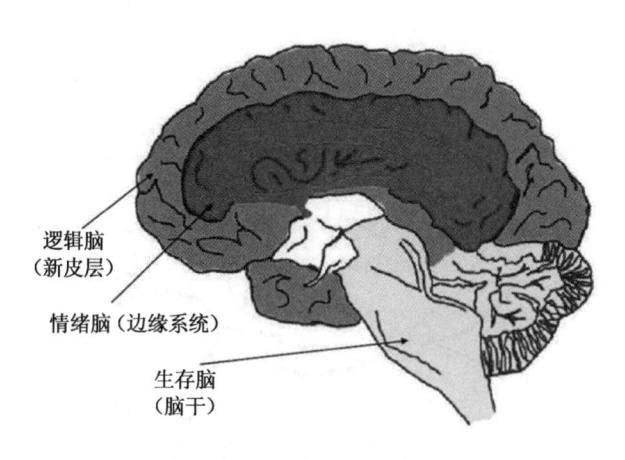

图 1-1　情绪脑结构简图

子标签，可以在风中传播。在原始时期，嗅觉对生存无疑具有至关重要的意义。

原始的情绪中枢从嗅叶开始进化，最终发育成足以环绕脑干顶部的构造。在最初的阶段，嗅觉中枢由分析气味的神经元薄层组成，其中一层细胞接收闻到的气味，并进行分类：好吃的或者有毒的，交配对象、天敌或者猎物。第二层细胞通过神经系统向身体发出反射信号采取行动：吞咽或者呕吐，接近、逃跑或者捕捉。

最早的哺乳动物出现之后，情绪脑新的关键神经元层也形成了。情绪脑的新神经元层包围着脑干，看起来就像是被人咬了一口的面包圈，脑干正好安放在中空的底部。由于这部分大脑环绕并包裹着脑干，因此又被称为"边缘"（limbic）系统，"边缘"一词来源于拉丁语"limbus"，意为"衣领"。这一新的神经区域为大脑的指令系统添加了恰当的情绪。当我们渴望或愤怒的时候，坠入爱河或因恐惧而退缩的时候，正是受到了边缘系统的控制。

边缘系统进化出了两个强有力的工具：学习和记忆。这种革命性的进化使得动物的生存抉择更加明智，而且能更好地适应变化的要求，而不是一味地作出相同的自动反应。如果某种食物吃了会生病，下次就不会再吃。什么能吃、什么不能吃依然主要由嗅觉决定；嗅球和边缘系统之间的联结组织现在负责辨别各种气味，比较当前的气味与以前的气味，区别好的气味与不好的气味。这个功能是由"嗅脑"完成的，"嗅脑"的字面意思是"鼻子脑"，属于边缘系统神经网络的一部分，也是思考脑新皮层最基础的系统。

大约在1亿年前，哺乳动物的大脑发生了生长突增。在原先薄薄两层皮层——这部分的功能是计划、理解感受、协调行动——的顶部，出现了几层新的大脑细胞，从而形成了大脑的新皮层。与最初的两层大脑皮层相比，新皮层具有异乎寻常的智能优势。

新皮层虽然是大脑的高级中枢，但并不能控制全部的情绪生活。对于心灵至关重要的问题，尤其是情绪的紧急状况，新皮层需要服从边缘系统。由于大脑的高级中枢发源于边缘系统，或者说扩展了边缘系统的功能范围，因此情绪脑在神经结构中扮演着关键的角色。情绪脑是新大脑发育的基础，情绪区域通过神经回路与新皮层的所有部分产生了千丝万缕的复杂关系。因此，情绪中枢对包括思考中枢在内的大脑其他部分的运作具有强有力的影响。

（二）情绪中枢——杏仁核

人类的杏仁核位于脑干顶部、环状边缘系统底部附近，呈杏仁形状，是相互联结的组织复合体，脑干切面图如图1-2所示。杏仁核分为两大核群，左右脑各一个，分别位于头颅内侧。与进化过程中人类的近亲——其他灵长类动物——相比，人类的杏仁核相对较大。

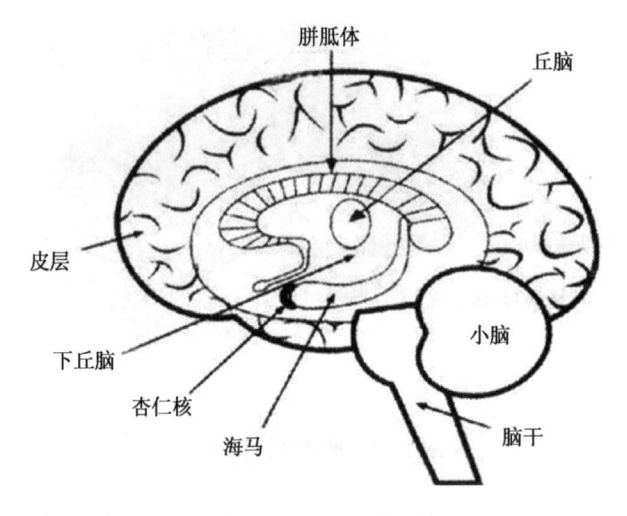

图1-2 脑干切面图

【说明】 边缘脑(杏仁核):情绪脑;
丘脑:信号接收器官;
新皮层:思考脑。

海马体和杏仁核是原始"嗅脑"的两个重要部分,嗅脑在进化过程中的作用是唤起皮层和新皮层。现在这些边缘结构负责大脑学习和记忆的大部分功能,杏仁核则是情绪事务的专家。假如杏仁核与大脑其他部分的联系被隔断,就会导致个体无法判断事件的情感意义,这种情况有时被称为"情感失明"。

有位年轻人为了控制严重癫痫发作,通过手术切除了杏仁核。在这之后,他对人群完全失去了兴趣,宁愿独自坐着,与世隔绝。尽管他的谈话能力完全没有受到影响,但他已经认不出原本亲密的朋友、亲戚甚至他的母亲,他们因为他的冷漠而痛苦不堪,但他却无动于衷。切除杏仁核之后,这个年轻人似乎失去了识别所有感觉的能力,也失去了对感觉的任何感觉。杏仁核如同情绪记忆的仓库,也是意义本身的仓库,没有杏仁核的人生相当于剥夺了个人意义的人生。

第一个发现杏仁核在情绪脑神经中的关键作用的是约瑟夫·勒杜克斯(Joseph Ledoux,1992),他是纽约大学神经科学研究中心的神经科学专家。勒杜克斯的研究提示了人脑的构造赋予杏仁核情绪哨兵的地位,使其可以控制整个大脑。他的研究显示,从眼睛或者耳朵输入的感觉信号首先到达大脑的丘脑,然后通过一个单独的突触传到杏仁核,丘脑发出的第二个信号则传到新皮层,即思考脑。信号的分叉使杏仁核能先于新皮层做出反应,而新皮层在通过多个层次的大脑回路对信息进行充分分析之后,才能全面掌握情况,并最终做出更加精准的反应。

神经科学的传统观点认为,眼睛、耳朵和其他感觉器官将信号传送到丘脑,然后再传到新皮层处理感觉的区域,感觉信号在这里集合成我们所感知的具体对象,杏仁核的工作机制及其与新皮层的互动如图1-3所示。这些信号按照意义进行分类,因此大脑能够辨认每个对象以及它所代表的意义。传统理论认为,信号是从新皮层传送到边缘脑,然后由边缘脑发出准确的反应指令,并传送到整个大脑以及身体的其他部位,这一过程占用了很多甚至大部分的时间。但勒杜克斯发现,除了有一束较大的神经元联结丘脑和新皮层之外,另外有一束较小的神经元直接联结丘脑和杏仁核。这条更小、更短的通道类似于神经的后院小巷,使杏仁核能够直接接

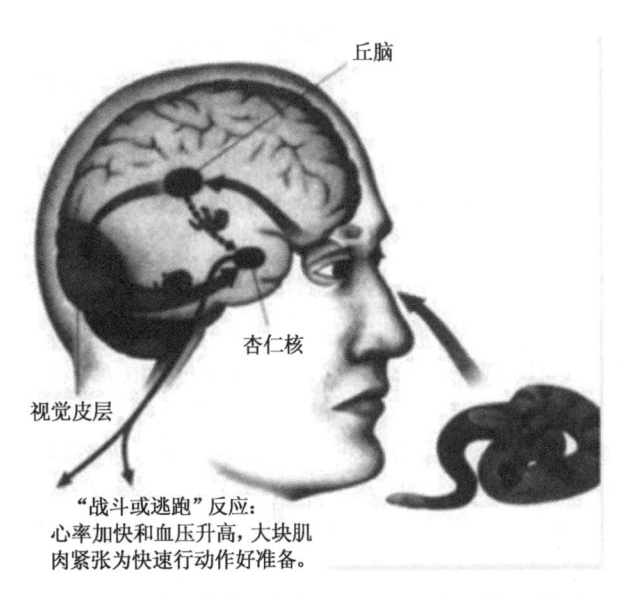

图1-3 杏仁核的工作机制及其与新皮层的互动图

收某些感觉信号，并在新皮层接收全部信号之前作出反应。

大约凌晨3点，我听到有个大型物体重重地撞破了我卧室远处角落上方的天花板，阁楼里的东西全都掉进了房间。我立刻从床上跃起，跑出房间，担心整块天花板会陷落下来。然后，意识到安全之后，我警觉地窥视卧室，看看是什么引起了这场事故，结果发现我以为是天花板陷落的声音，其实是一堆摞起来的箱子跌落的声音，我妻子在白天的时候把这些箱子从衣帽间整理出来，堆在墙角。没有东西从阁楼掉下来——根本就不存在阁楼。天花板完好如初，我也一样。

我在半梦半醒之间从床上跃起——假如天花板真的掉下来，我可能会免于受伤——这正是杏仁核的力量，在紧急关头，它促使我们在新皮层全面记录当前状况之前采取行动。从眼睛或耳朵到丘脑再到杏仁核的紧急通道起到了生死攸关的作用，它为在紧急关头采取即时行动节省了时间。不过这条从丘脑到杏仁核的通道只能携带少量的感觉信息，大部分信息还是要取道新皮层。因此，杏仁核从快速通道接收到的信号充其量只是一种粗糙的信号，刚好能够引起警觉。勒杜克斯指出："你无须确切知道它是什么，就可以判断它可能有危险。"

这条直接的神经通道节省的时间对于大脑来说具有重要意义，它以毫秒为单位计算。老鼠的杏仁核能在感知的12毫秒之后开始反应，而丘脑——新皮层——杏仁核通道的传输时间大约是前者的2倍。尽管目前还没有对人脑进行类似的实验，但两者的时间比例大体应该一样。

(三)海马体与杏仁核

长久以来被认为是边缘系统关键结构的海马体，主要参与记录和理解感知模式，而不是情绪反应。海马体的主要作用是提供与背景有关的鲜明记忆，这对情绪的意义非常重要。海马体可以辨识不同的意义，比如待在动物园里的熊和闯进你家后院的熊，两者的意义是不一样的，海马体记忆的是纯粹的事实，而杏仁核则保留了伴随事实的情绪的味道。比如我们尝试在双车道高速公路上超车，却差点与对面开来的车迎头相撞，海马体会记住这件事的细节，比如我们当时在哪条公路、和谁在一起、对面那辆车的样子等。杏仁核却会在事件发生之后，我们再次在相似情况下准备超车时,在我们体内激发焦虑情绪。

人脑通过一种简单而精妙的方式使情绪记忆产生一种特殊的潜能:机体的神经化学警报系统能在生命面临威胁的紧急关头,主导身体作出"战斗或者逃跑"的反应,同时还会把这一时刻深深刻入记忆。在应急状态下,神经从大脑迅速传递到位于肾脏上方的肾上腺,促使其分泌肾上腺素和去甲肾上腺素,这些激素遍布全身,主导机体为紧急状况做好准备。这些激素激活了迷走神经的接收器。在肾上腺素和去甲肾上腺素的激发下,迷走神经携带大脑指令,对心脏进行调节,同时把信号传回大脑。杏仁核是大脑接受这些信号的主要场所,杏仁核的神经元被输入信号激活后,继而向大脑其他部分发出信号,使个体加深对当前情况的记忆。

这种杏仁核唤起似乎把情绪唤起特别强烈的大多数时刻嵌入了记忆。因此我们更有可能记得第一次约会是在哪里,或者听到中国长征三号火箭爆炸消息时正在做什么。杏仁核唤起的程度越强,记忆就越深刻,那些最令我们害怕或者恐慌的生活经历是我们最难以磨灭的记忆。这说明大脑实际上有两个记忆系统,一个用来记忆普通的事实,另一个用来记忆刻有情绪印记的事实。当然情绪记忆的特殊系统非常符合生物进化的原理,确保动物对使他们感到威胁或者愉悦的事物留有特别鲜明的记忆。

### 三、情绪的状态

一个震惊世界的重要发现是在凌晨时分发生的,地点是靠近德国莱茵河边的一个小镇,一处简陋的居所。

发现者猛然站起来,将手中的笔掷于桌上,失声大喊:"就是它,我找到了!"然后他欣喜若狂,激动地在昏暗的灯光下手舞足蹈。

在曙光尚未出现的前夜,没有人听见一位科学家宣告般的呐喊。在发现量子力学原理后,韦纳·海森堡这样描述他当时的感受:"当计算的最后结果出现在我面前时,差不多已是凌晨三点钟了。能量守恒原理对所有项都成立……最初一瞬间,我深感惊慌,我感到,透过原子现象的表面,我正在窥探一个异常美丽的内部。当上帝如此慷慨地向我展示出这个数学结构的宝藏时,我几乎晕眩了,我情不自禁地在屋子里转着圈,手舞足蹈起来。"

科学家获得重大科学发现时那种兴奋情绪溢于言表,他对科学发现的强烈感受,以及他当时欣喜若狂的情绪状态,极其真切地分享给了人们。

上述科学家的这种欣喜若狂的情绪,只是众多情绪状态中的一种。

作为具有多种多样表现形式的情绪状态,依据其发生的强度、持续性、紧张度可分三种状态:心境、激情和应激,它们在人类的生活中都有重要意义。

(一)心境

心境是指比较微弱、持久地影响人整个精神活动的情绪状态。心境不是关于某种事物的特定体验,而是具有弥散性的特点,如高兴时看什么都高兴,俗话说:"人逢喜事精神爽",似有"万事称心如意"的状态。烦闷不高兴时,看什么都不顺眼,如林黛玉看见落花也伤心,看见月缺也流泪。正如中国古语所说的"忧者见之而忧,喜者见之而喜",这就是心境的表现。

引起心境的原因是多种多样的。客观方面,社会生活条件的变化是影响心境的根本原因。如时令季节和气候的变化会影响心境,正如"秋风秋雨愁煞人"的体验。曾有人对气候与心境的关系做了研究,方法是让被试人在1个月内,对自己的心境(包括专心、焦虑、起劲、困倦、疑虑、自制、乐观)按一些量表进行评定,然后求出评定的分数,再与7项气候指标(包括日照、时间、降雨量、气温、风向风速、湿度、当日气压及当日气压与前一日的压差)相对照。结果发现:

某种气候指标与一定的心境有密切关系,如焦虑、疑虑与日照时间呈负相关,即日照越短,这种心境的发生率越多;乐观与日照成正相关,即日照时间越长,乐观的发生率越多。困倦心境与气温或湿度呈正相关,即气温较高或湿度较大,容易引起困倦。主观原因,如事业的成败、工作顺利与否、人际关系、健康状况、对自然环境的适应等,都是引起某种心境的原因。

心境有积极和消极之分,积极的心境使人精神振奋,有助于积极性的发挥和工作效率的提高;消极的心境可使人颓丧、悲观、烦倦、消沉,不利于学习和工作的顺利进行。因此,人们必须学会把握自己的心境,使自己经常处于积极良好的心境中。

(二)激情

激情是一种强烈的、短暂的、有爆发性的情绪状态,如狂喜、愤怒、惊恐、绝望等都属于这种情绪状态。在激情状态下,人的理解力、自制力降低,甚至失去自我控制能力。激情的生理特征是由于大脑皮质活动的剧烈变化、强烈兴奋或普遍抑制和调节,在皮质下活动占了优势,此时人们很难遮掩内心强烈的情绪体验,总是伴有机体状态的改变和明显的表情动作,如愤怒时全身发抖,紧握拳头;恐惧时毛骨悚然,面如土色;狂喜时手舞足蹈,欢呼跳跃等。

激情也有积极和消极之分。积极的激情与理智、坚强的意志相联系,它能激励人们攻克难关。如一个运动员参加国际比赛时,为祖国争光的激情,是他力量的源泉。消极的激情对机体的活动具有抑制作用,使人的自制力下降。如绝望时常目瞪口呆、丧失勇气,或许会引起冲动行为,作出一些不该做的事,一旦事过境迁,情绪平定后,又后悔莫及。

(三)应激

应激是在出乎意料的紧迫情况下所引起的高度紧张的情绪状态,在人们遇到突如其来的紧急事故时就会出现应激状态。如遇地震、火灾、车祸或亲人意外死亡等重大事件后都会发生两种可能的应激状态:一是目瞪口呆,手忙脚乱,陷于困境;二是急中生智,行动果断,摆脱困境。

人如果长期处于应激状态,那么对健康是不利的。加拿大生理学家谢塞里(H. Selye)指出:应激状态的延续能击溃一个人的生物化学保护机制,使人的抵抗力降低以致被疾病所侵袭。他把应激分为以下三个动态过程:

警戒期——此时肾上腺分泌增加,心率加快,体温和肌肉弹性降低,血糖水平和胃酸度暂时性增加,严重时可导致休克。

抵抗期——此时警戒期的形态和生物化学变化多已消失,全身代谢水平提高,肝脏大量释放血糖。如此期过长或过强,而机体的"适应能力"有限,最后就会进入衰竭期。

衰竭期——此时出现肾上腺类脂质丧失、胸腺淋巴组织萎缩、胃肠溃疡病等,机体处于危急状态,严重时可导致重病或死亡。

由此可见应激对人的身心健康的影响,在生活中应尽量减少和避免不必要的应激状态,学会科学地对待应激。

## 四、情绪管理

情绪管理(Emotion Management)是指通过研究个体和群体对自身情绪和他人情绪的认识、协调、引导、互动和控制,充分挖掘和培植个体和群体的情绪智商、培养驾驭情绪的能力,从而确保个体和群体保持良好的情绪状态,并由此产生良好的管理效果。

情绪管理,就是用对的方法、用正确的方式去探索自己和他人的情绪,然后调整、理解和放松情绪的过程。

情绪的管理不是要去除或压制情绪，而是在觉察情绪后，调整情绪的表达方式。有心理学家认为情绪调节是个体管理和改变自己或他人情绪的过程。在这个过程中，通过一定的策略和机制，使情绪在生理活动、主观体验、表情行为等方面发生一定的变化。情绪固然有正面和负面，但真正的关键不在于情绪本身，而是情绪的表达方式。以适当的方式在适当的情境表达适当的情绪，就是健康的情绪管理之道。情绪管理就是善于掌握自我，善于调节情绪，对生活中矛盾和事件引起的反应能适可而止地排解，能以乐观的态度、幽默的情趣及时地缓解紧张的心理状态。

（一）体察自己的情绪

时时提醒自己注意：我现在的情绪是什么？例如：当你因为朋友约会迟到而对他冷言冷语时，问问自己："我为什么这么做？我现在有什么感觉？"如果你察觉你已经对朋友三番两次的迟到感到生气，你就可以对自己的生气做更好的处理。有许多人认为"人不应该有情绪"，所以不肯承认自己有负面的情绪，要知道，人是一定会有情绪的，压抑情绪反而会带来更不好的结果，学着体察自己的情绪，是情绪管理的第一步。

（二）适当表达自己的情绪

再以朋友约会迟到的例子来看，你之所以生气可能是因为他让你担心，在这种情况下，你可以婉转地告诉他："你过了约定的时间还没到，我好担心你在路上发生意外。"试着把"我好担心"的感觉传达给他，让他了解他的迟到会带给你什么感受。什么是不适当的表达呢？例如：你指责他："每次约会都迟到，你为什么都不考虑我的感受呢？"当你指责对方时，也会引起他负面的情绪，他会变成一只刺猬，忙着防御外来的攻击，没有办法站在你的立场上为你着想，他的反应可能是："路上塞车嘛！有什么办法，你以为我不想准时吗？"如此一来，两人开始吵架，别提什么愉快的约会了。如何"适当表达"情绪是一门艺术，需要用心去体会、揣摩，更重要的是，要在日常生活中去应用这门艺术。

（三）以适宜的方式纾解情绪

纾解情绪的方法很多，有些人会痛哭一场，有些人会找三五好友诉苦一番，另外有些人会逛街、听音乐、散步或逼自己做其他事情以免老想起不愉快，比较糟糕的方式是喝酒、飙车甚至自杀。纾解情绪的目的在于给自己一个理清想法的机会，让自己好过一点，也让自己更有能量去面对未来。如果纾解情绪的方式只是为了暂时逃避痛苦，然后需承受更多的痛苦，那么这种纾解就不是一个适宜的方式。有了不舒服的感觉，就要勇敢地面对，仔细想想，为什么这么难过、生气？我可以怎么做才不会重蹈覆辙？怎么做可以降低我的不愉快？这么做会不会带来更大的伤害？从这几个角度去选择适合自己且能有效纾解情绪的方式，你就能够控制情绪，而不是让情绪来控制你！

当今社会，面对来自生活、工作以及学习的种种压力，情绪低落已经成为一种很普遍的问题。其实情绪与压力是可能通过某种方式来控制的，适当的方法将能把问题的影响降至最低。下面介绍几种纾解情绪的方法：

（1）参加锻炼。体育锻炼能使人体产生一系列的化学变化和心理变化。较适宜的运动项目有慢跑、户外散步、跳舞、游泳、练太极拳等。

（2）走亲访友。找知心的、明白事理的亲友，向他们倾吐心里话，这样可减轻心理压力和痛苦。

（3）反省人生。当你为一件事痛苦得难以自拔时，不妨对自己大喝一声：这样痛苦就能解决问题吗？生命太短促了，还有多少事情要做……豁然醒悟，也许能控制住低沉的情绪。

(4)奋发工作。一旦潜心事业，把精力集中到工作上，便能使人忘记忧伤和愁苦。

(5)往事淡忘。反思昨天，吸取教训，更好地把握今天是必要的，但过后就要丢掉和忘却。

(6)乐观幻想。有些人遭受了一点挫折便好像戴上了厚厚的墨镜，凡事总往坏处想。克服的方法是，宁作乐观的幻想，不作消极的猜度。

(7)少有欲望。有的人心境平和，少有欲望，便自然少了那些无谓的忧愁和烦恼。

(8)改善营养。丰富的维生素 B 有助于改善情绪，这类食品有全麦面包、蔬菜、鸡蛋等。

### 知识拓展

#### 大学生的情绪特点

对于大学生来说，再没有比情绪状态更让人产生波动的。一名大学生这样形容自己的情绪："当我情绪高涨时，我就像一座喷发的火山，心花怒放，充满着豪情壮志，好像有使不完的力量和精力，我愿意将我所有的热情和智慧与我认识的所有人分享；而当我情绪低落时，我又好像是一座冰山，对什么都失去了兴趣，我会感到命运乃至周围所有的人都在和我作对，我是那样的沮丧与无奈，甚至想到过死……"

1. 大学生的情绪表现

大学生正处于青春期向青年期的过渡时期，在生理发育接近成熟的同时，心理上也经历着急剧的变化，尤其反映在情绪上。相对于中学生来讲，大学生的情绪内容趋向于深刻和丰富，情绪的表达趋于隐蔽，情绪的变化也逐渐趋向于稳定。具体来说，大学生情绪特点主要表现为：

(1)外向、活泼、充满激情；

(2)情绪延迟性及趋向于心境化；

(3)情感体验更加深刻、更加丰富；

(4)波动性与两极性；

(5)冲动性与爆发性；

(6)矛盾性与复杂性；

(7)内隐与掩饰性；

(8)想象性。

2. 健康情绪的标准

情绪健康的主要标志是情绪稳定和心情愉快。具体而言，包括以下几个方面：

(1)情绪有适当的形成原因

一定的事物引起相应的情绪是情绪健康的标志之一。情绪的产生是由各种不同的原因引起的，例如：高兴是因为有喜事，悲哀是遇到不愉快或不幸事件，愤怒是挫折引起的等。

(2)情绪的作用时间随客观情况的变化而转移

通常当引起情绪的因素消失之后，人的情绪反应也相应逐渐消失。例如，生活中不小心把东西丢了，当时可能会非常生气，但事情过后，慢慢也就会自己调节过来。如果长期生气，这就是情绪不健全的表现。

(3)情绪持续稳定

情绪稳定表明个人的中枢神经系统活动处于相对的平衡状况，反映了中枢神经系统活动的协调。如果一个人的情绪长期不稳定，喜怒无常，那么这是情绪不健康的表现。

(4)心情愉快平静

心情愉快表示人的身心活动的和谐与满意。愉快表示一个人的身心处于积极的健康状态。一个人经常情绪低落，总是愁眉苦脸、心情苦闷，则可能是心理不健康的表现，要注意自我调节。

## 第二节 情绪理论

### 一、情绪效应理论

情绪效应又称情感效应（Emotional Effects），是指一个人的情绪状态可以影响到对某一个人今后的评价。尤其是在第一印象形成过程中，主体的情绪状态更具有十分重要的作用，第一次接触时主体的喜怒哀乐对与对方关系的建立或是对于对方的评价，可以产生不可思议的差异。与此同时，交往双方可以产生"情绪传染"的心理效果。主体情绪不正常，也会引起对方不良态度的反应，从而影响良好人际关系的建立。请看下面的例子：

一天早晨，有一位智者看到死神向一座城市走去，于是上前问道："你要去做什么？"

死神回答说："我要到前方那个城市里去带走100个人。"

那个智者说："这太可怕了！"

死神说："但这就是我的工作，我必须这么做！"

这个智者告别死神，并抢在它前面跑到那座城市里，提醒所遇到的每一个人："请大家小心，死神即将来带走100个人！"

第二天早上，他在城外又遇到到了死神，带着不满的口气问道："昨天你告诉我你要从这儿带走100个人，可是为什么有1 000个人死了呢？"

死神看了看智者，平静地回答说："我从来不超量工作，而且也确实准备按昨天告诉你的那样做了，只带走100个人。可是恐惧和焦虑带走了其他那些人。"

恐惧和焦虑可以起到和死神一样的作用，这就是情绪效应。实际上，在我们的生活中，这样的效应每天都在发生，只不过我们已经习以为常了。

古代阿拉伯学者阿维森纳，曾把一胎所生的两只羊羔置于不同的外界环境中生活：一只小羊羔随羊群在水草地快乐地生活；而在另一只羊羔旁拴了一只狼，它总是看到自己面前那只野兽的威胁，在极度惊恐的状态下，根本吃不下东西，不久就因恐慌而死去了。

后来，医学心理学家还用狗作嫉妒情绪实验：把一只饥饿的狗关在一个铁笼子里，让笼子外面另一只狗当着它的面吃肉骨头，笼内的狗在急躁、气愤和嫉妒的负性情绪状态下产生了神经症性的病态反应。

到了现代，美国生理学家爱尔马也做过实验，他技术性地收集采样了人们在不同情况下的"气水"，即把悲痛、悔恨、生气和心平气和时呼出的"气水"进行技术性处理后做对比实验。结果又一次证实，生气对人体危害极大。他把心平气和时呼出的"气水"放入有关化验水中沉淀后，则无杂无色，清澈透明，悲痛时呼出的"气水"沉淀后呈白色，悔恨时呼出的"气水"沉淀后则为蛋白色，而生气时呼出的"生气水"沉淀后为紫色。把"生气水"注射在大白鼠身上，几分钟后，大白鼠死了。由此，爱尔马分析：人生气(10分钟)会耗费大量人体精力，其程度不亚于参加一次3 000米赛跑;生气时的生理反应十分剧烈,分泌物比任何情绪的都复杂且更具毒性。

这个实验告诉我们:恐惧、焦虑、抑郁、嫉妒、敌意、冲动等负性情绪是一种破坏性的情感,长期被这些心理问题困扰就会导致身心疾病的发生。

在非洲草原上,有一种不起眼的动物叫吸血蝙蝠。它身体极小,却是野马的天敌。这种蝙蝠靠吸动物的血生存,它在攻击野马时,常附在马腿上,用锋利的牙齿极敏捷地刺破野马的腿,然后用尖尖的嘴吸血。野马受到这种外来的挑战和攻击后,马上开始蹦跳、狂奔,但却总是无法摆脱这种蝙蝠。蝙蝠却可以从容地吸附在野马身上,落在野马头上,直到吸饱吸足才满意地飞去。而野马常常在暴怒、狂奔、流血中无可奈何地死去。

动物学家在分析这一问题时,一致认为吸血蝙蝠所吸的血量是微不足道的,远不会让野马死去,野马的死亡是它自己的狂奔所致。对于野马来说,蝙蝠吸血只是一种外界的挑战,是一种外因,而野马对这一外因的剧烈情绪反应,才是导致死亡的真正原因。

图1-4 吸血蝙蝠和野马

人也是一样,在生活中难免会遇到不顺心的事,如不能宽容待之,一时情绪激动,甚至暴跳如雷、大发脾气,则会严重危害自身健康。动辄生气的人很难健康、长寿,很多人其实是"气死的"。于是人们把因芝麻小事而大动肝火,以致因别人的过失而伤害自己的现象,也称为"野马结局"。

同样的,教学中师生的不同情绪也会带来不同的教学效果。比如课间休息时,几个同学只顾玩篮球,忘记了上厕所,上课铃响后他们才想起来。任课老师生气了,将这几个同学狠狠批评了一顿,并对大家说,谁要再迟到就把他的家长找到学校来。挨了批评的学生们目光暗淡,呆呆地望着老师不敢出气,有几个同学肚子里叽里咕噜,心里很不服气,结果整堂课下来没有什么东西学进去。这是典型的"情绪效应"——老师的不良情绪引起学生的情绪变化。如果我们能像古希腊杰出的哲学家德谟克利特那样,以微笑迎人,不摆架子,更不训斥人,就会得到良好的"情绪效应"。

与上面的例子相反,在某高校的课堂上,由于听课的人多,开始时,学生情绪紧张,教学气氛不太活跃。执教老师微笑着说:"怎么啦,今天来听课的老师多了,大家就害怕了?反正做媳妇的总是要见公婆的,大家不必紧张。"学生们一下子被逗乐了,紧张情绪自然消除,这堂课的效果也不错。

其实，在课堂上，能导致情绪效应的并不只是微笑，下列因素都能有效地引起情绪效应，收获良好的教学效果：

(1) 发亮的眼睛。在教学中，教师的眼睛能表达深刻而丰富的教学内容，能使师生感情和谐交流，使教学过程有声有色地进行。

(2) 有力的手势。随着课堂教学情节的发展恰当地配以手势，将会给学生以心理上的共鸣。

(3) 稳健的身态。教师教学时的身态如果能给学生以稳健、大方、自然、洒脱之感，那么就会给学生带来一种轻松愉快的情绪体验。

(4) 幽默的语言。教师讲课语言幽默，可以激发学生的学习兴趣，活跃课堂气氛，让学生轻松愉快地掌握知识，受到启迪，也可以缓解课堂的紧张、慌乱的情绪。

总之，在教学时，如果能恰如其分地运用手势、表情、动作、眼神等，可以加强课堂的情绪气氛，加深学生的印象，引起心理的共鸣，导致良好的情绪效应。

## 二、情绪 ABC 理论

从前，一个老太太整天发愁、闷闷不乐，这是什么原因呢？原来，她有两个女儿，大女儿以卖伞为生，小女儿以晒盐为生。如果是晴朗的天气，老太太就会为大女儿担心："不下雨，伞怎么卖得出去呀？"下雨时，她又为小女儿担心："下起雨来，怎么晒盐呀？"因此，她整天心情不好，有一个长者知道事情的经过后，只对老太太说了短短的几句话，老太太就化忧为乐了。你知道长者对老太太说了什么吗？长者笑着说："老太太，你真好福气呀！天晴时，你的小女儿生意很好；天阴时，你的大女儿生意兴隆。"老太太听了，顿时豁然开朗，转忧为喜。

这其中蕴含怎样的道理呢？同样一件事，从不一样的角度去想，心情就会很不一样，人生的境界也会很不一样！

美国临床心理学家艾尔波特·埃利斯已经把中国的俗语"想得开"上升到科学理论的高度，他在20世纪50年代提出情绪ABC理论(ABC Theory of Emotion)，也称晴雨ABC理论。他以一句很有名的话作为ABC理论理念上的起点："人不是为事情困扰着，而是被对这件事的看法困扰着。"情绪ABC理论认为激发事件A(activating event 的第一个英文字母)只是引发情绪和行为后果C(consequence的第一个英文字母)的间接原因，而引起C的直接原因则是个体对激发事件A的认知和评价而产生的信念B(belief的第一个英文字母)，即人的消极情绪和行为障碍结果(C)，不是由于某一激发事件(A)直接引发的，而是由于经受这一事件的个体对它不正确的认知和评价所产生的错误信念(B)直接引起的。错误信念也称为非理性信念。

图1—5中，A(antecedent)指事情的前因，C(consequence)指事情的后果，有前因必有后果，但是有同样的前因A，产生了不一样的后果$C_1$和$C_2$。这是因为从前因到后果之间，一定会通过一座桥梁B(bridge)，这座桥梁就是信念和我们对情境的评价与解释。又因为，同一情境之下(A)，不同的人的理念以及评价与解释不同($B_1$和$B_2$)，所以会得到不同结果($C_1$和$C_2$)。因此，事情发生的一切根源缘于我们的信念、评价与解释。

情绪ABC理论的创始者埃利斯认为：正是由于我们常有的一些不合理的信念才使我们产生情绪困扰。久而久之，这些不合理的信念还会引起情绪障碍。情绪ABC理论中：A表示诱发性事件；B表示个体针对此诱发性事件产生的一些信念，即对这件事的一些看法、解释；C表示由此产生的情绪和行为的结果。

通常人们会认为诱发事件A直接导致了人的情绪和行为结果C，发生了什么事就引起了

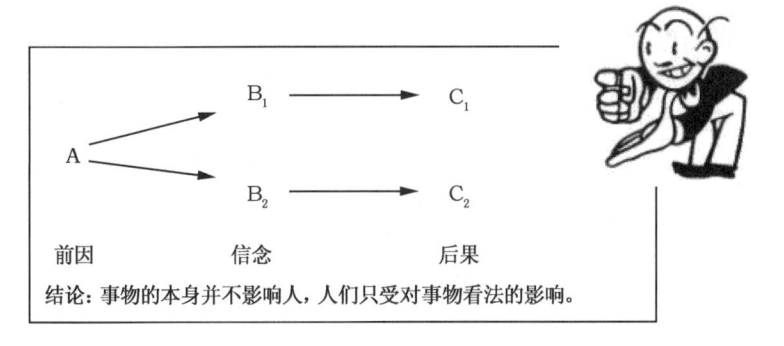

图 1-5　情绪 ABC 理论

什么情绪体验。然而，你有没有发现同样一件事，对不同的人，会引起不同的情绪体验。同样是报考英语六级，结果两个人都没过。一个人无所谓，而另一个人却伤心欲绝。

为什么？就是诱发事件 A 与情绪、行为结果 C 之间还有一个对诱发事件 A 的看法、解释的 B 在作怪。一个人可能认为：这次考试只是试一试，考不过也没关系，下次可以再来。另一个人可能说：我精心准备了那么长时间竟然没过，是不是我太笨了，我还有什么用啊，人家会怎么评价我。于是不同的 B 带来的 C 大相径庭。

常见的不合理信念包括下面几种：人应该得到生活中所有对自己重要的人的喜爱和赞许；有价值的人应在各方面都比别人强；任何事物都应按自己的意愿发展，否则会很糟糕；一个人应该担心随时可能发生灾祸；情绪由外界控制，自己无能为力；已经定下的事是无法改变的；一个人碰到的种种问题，应该都有一个正确、完满的答案，如果一个人无法找到它，便是不能容忍的事；对不好的人应该给予严厉的惩罚和制裁；逃避挑战与责任可能要比正视它们容易得多；要有一个比自己强的人做后盾才行。

依据情绪 ABC 理论，分析日常生活中的一些具体情况，我们不难发现人的不合理观念常常具有以下三个特征：

一是绝对化的要求。它是指人们常常以自己的意愿为出发点，认为某事物必定发生或不发生的想法。它常常表现为将"希望"、"想要"等绝对化为"必须"、"应该"或"一定要"等。例如，"我必须成功"、"别人必须对我好"等。这种绝对化的要求之所以不合理，是因为每一客观事物都有其自身的发展规律，不可能以个人的意志为转移。对于某个人来说，他不可能在每一件事上都获得成功，他周围的人或事物的表现及发展也不会以他的意愿来改变。因此，当某些事物的发展与其对事物的绝对化要求相悖时，他就会感到难以接受和适应，从而极易陷入情绪困扰之中。

二是过分概括化。这是一种以偏概全的不合理思维方式的表现，它常常把"有时"、"某些"过分概括化为"总是"、"所有"等。用埃利斯的话来说，这就好像凭一本书的封面来判定它的好坏一样。它具体体现在人们对自己或他人的不合理评价上，典型特征是以某一件或某几件事来评价自身或他人的整体价值。例如，有些人遭受一些失败后，就会认为自己"一无是处、毫无价值"，这种片面的自我否定往往导致自卑自弃、自罪自责等不良情绪。而这种评价一旦指向他人，就会一味地指责别人，产生怨愤、敌意等消极情绪。我们应该认识到，"金无足赤，人无完人"，每个人都有犯错误的可能性。

三是糟糕至极。这种观念认为如果一件不好的事情发生，那将是非常可怕和糟糕的。例如,"我没考上大学,一切都完了"、"我没当上处长,不会有前途了"。这种想法是非理性的,因为对任何一件事情来说,都会有比之更坏的情况发生,所以没有一件事情可被定义为糟糕至极。但如果一个人坚持这种"糟糕"观时,那么当他遇到他所谓的百分之百糟糕的事时,他就会陷入不良的情绪体验之中,进而一蹶不振。

因此,在日常生活和工作中,当遭遇各种失败和挫折时,要想避免情绪失调,就应多检查一下自己的大脑,看是否存在一些"绝对化要求"、"过分概括化"和"糟糕至极"等不合理想法,如有,就要有意识地用合理观念取而代之。当你情绪不好的时候,不妨问问自己,为什么这么不开心,是不是自己把有些事情想得太严重了,或是会错了意。换个想法,就能换个心情!

## 第三节　情商的概念及其能力结构

### 一、情商的概念

情商(Emotional Quotient,简称 EQ)通常是指情绪商数,是心理学家们提出的与智力和智商相对应的概念,它主要是指人在情绪、意志、耐受挫折等方面的能力,包括一个人感受、理解、控制、运用和表达自己及他人情感情绪的能力。情绪智力的概念首次由耶鲁大学的心理学家彼得·萨洛维博士和新罕布什尔大学的约翰·梅耶博士在1991年提出,1995年10月,美国《纽约时报》专栏作家丹尼尔·戈尔曼出版了《Emotional Intelligence》(汉译为《情绪智力》或《情商》)一书,把情商这一研究新成果介绍给大众,该书迅速成为世界性的畅销书,而情商这一概念也开始在不同领域广泛传播。

与情商对应的是智商。智商(Intelligence Quotient,简称 IQ)是测量智力水平常用的方法,智商的高低反映了智力水平的高低,它主要反映人的认知能力、思维能力、语言能力、观察能力、计算能力等,也就是说,它主要表现人的理性的能力。

长期以来,人们将智商视为人生成败的决定因素,并将它作为衡量个人能力的主要指标。近百年间,研究者设计出五花八门的智商测试方法,接受各种测试的人也数以亿计。尽管研究规模如此巨大、耗时如此之长,但还是有不少人提出了疑问:智商高的人真的比普通人能力更强吗?

美国学者艾萨克·阿西莫夫博士就是一个这样的怀疑者,他讲述了自己亲身经历的一件趣事:

我在军队服役时,我所在的部队进行了一次智商测试,我得了160分,是基地得分最高的。按照测试标准,我的智商已经达到了天才的水平。退役后,我又参加过几次智商测试,每次都得高分,因此我有充分理由相信自己聪明过人,我希望别人也这样看我。然而,遗憾的是有人并不这么看。

我认识一位汽车修理工,我估计他如果参加智商测试,分数连我的1/5都达不到。所以我理所当然地认为我远比他聪明。然而,每当我的汽车出问题,我又不得不去找这个低智商的人来解决问题,对他的结论洗耳恭听、奉若神旨,而他每次都能让我的汽车变得完好如初。

有一次,他从引擎上抬起头来,笑嘻嘻地对我说:"博士,有一个聋哑人到五金店买钉子,他把左手食指和拇指并拢放在柜台上,右手作了几次敲打的动作,店员拿了一把锤子给他,他摇摇头。店员注意到了他左手并拢的拇指和食指,于是给他拿来了钉子,这回聋哑人满意了。那么,博士,我问你,接着又来了一个盲人,他想买剪刀,你说他该怎么表示呢?"

我伸出食指和中指,做了几次剪的动作。修理工哈哈大笑:"你这个笨蛋!他当然是用嘴说啦!"

接着,他得意地说:"今天我用这个问题考了很多人。"

我问他:"上当的人多吗?"

"不少。但我知道你肯定会上当的。"

"为什么?"我大吃一惊。

"因为你受的教育太多了,我知道你有学问,但不会太聪明。"

他的话尽管让我有点不快,但我不得不承认他说出了一个事实。智商高能说明什么呢?也许说明我善于做某种类型的测试题,而出题者的思维方式和我十分接近,仅此而已。如果让这位修理工来出题,或者让一个电工、一个农民、除了学究之外的任何一个人来出题,测试结果可能都会表明我是一个十足的笨蛋。

美国一些心理学家曾对伊利诺伊州一所中学的81位优秀毕业生进行了跟踪研究,这些学生的智商都在120以上,他们升入大学后成绩尚能保持领先,但是到了30岁左右,却大多表现平庸,只有1/4的人能在其从事的行业中达到同龄人的高水平,很多人的成就甚至低于同龄人的平均水平。

以上案例和研究都表明,成功者的共同特点不是高智商,而是具有很强的自我激励、情绪控制和人际交往能力,而这些,都是情商的范围。

有人形象地把智商称为"脑的能力",把情商称为"心的能力"。智商偏重于理性分析,而情商偏重于感觉。智商包括记忆力、理解力、词汇量、推理能力等,这些能力更适合解决诸如升学考试之类的问题,换句话说,尽管高智商的人实际能力不一定更强,但考试成绩往往更好。而情商的含义则不那么明确,彼得·萨洛维博士和约翰·梅耶博士将其定义为"控制自己和他人情绪的能力,以及对这种能力进行鉴别并指导思想行为的能力"。他们不认为情商像智商一样也可以准确测定。的确,我们无法准确测定个人友爱、自信、乐观、消极的程度,但是,我们能感受到这些品质,并认识到它们对人的一生具有极为重要的影响。

丹尼尔·戈尔曼教授指出:"情商"是一个人最重要的生存能力,是一种发掘情感潜能、运用情感能力影响生活的各个层面和人生未来的关键性品质要素。心理学的研究证实,"情商"是一种能洞察人生价值、揭示人生目标的悟性,是一种克服内心矛盾冲突和协调人际关系的技巧,是一种可在顺境和逆境中穿梭自如的能力。情商也包括驾驭自己的情绪、情感、思想和意志等心理过程,准确地了解自己的真情实感,理智地克服冲动,有延迟满足欲望的克制力,真诚地理解社会,能设身处地为他人着想,永恒地鞭策自我,激励人生,大智若愚,宠辱不惊,坦然地面对人生的一切遭遇。

虽然情商概念产生于对智商学说的反思,但是,情商并不是智商的反义词,相反,两者无论在概念上还是在现实中都是相辅相成的。杜克大学的巴勃教授说过:"如果一个人在智力和社会情感两方面都很出色,那么他想不成功都很困难。"我们强调情商的重要性,并不是说可以忽略智商。智商一直是衡量一个人的逻辑推理和理解力、计算的速度和准确性、记忆力、视觉和空间意识能力的重要标准,情商和智商并不是相互竞争的两种品质,而常常是相互补充的。在很多情况下,一个智商高的人情商也高,同样,智商低的人很多时候情商也低。

人类的一切活动都是一种智力活动,而智力活动实质上是一种心理过程。如果把人的整个智力活动的全部心理过程看成是一个系统,那么这个系统是由两个子系统协同作用构成的。

其中一个是智商系统,它起着智力执行、操作的作用,承担着对智力活动内容的感知、理解、巩固、应用等任务;另一个是情商系统,起着引发、导向、激励、强化、驾驭智力活动的作用。两者相互制约、互相促进。事实上,一个人仅聪明而不会做人,未必能胜券在握;而会做人,懂得处理好人际关系,却能弥补智力稍差的缺陷。只有与情感智力相结合,智力才会充分地发挥作用。

**二、情商的重要性**

习惯上,我们认为智商高的人在生活中必然会取得大的成就。但是,最近一些研究人员提出,预测某人人生的成就时,他的情商也许比智商更重要。美国一位心理学家曾对数百名大学生做过长期跟踪研究,在他们步入社会后,对他们的收入、工作能力、在本行业中的地位进行了比较,发现在学校考试成绩最高的学生,在社会上的成就不一定最高,此外,其对生活、人际关系、家庭、感情的满意程度也很一般。那些成功者的共同特点不是高智商,而是具有很强的自我激励、情绪控制和人际交往能力,即情商高。成就最大的人自信、谨慎,有坚持性和胜过别人的愿望及坚强的意志。

智商和情商的作用是不同的。智商的作用主要在于更好地认识事物。智商高的人,学习能力强,认识深度深,容易在某个专业领域做出杰出成就,成为某个领域的专家。情商主要与非理性因素有关,它是对自我和他人情感的把握和调节的一种能力,因此,和人际关系的处理有较大关系。情商低的人人际关系紧张,婚姻容易破裂,领导水平不高。而情商比较高的人,通常有较健康的情绪,有良好的人际关系,容易成为某个部门的领导人,具有较高的领导管理能力。

广为接受的观念是一个人的成功遵循 20/80 法则,即 20% 取决于智商,80% 由其他因素决定,这些因素包括出身、环境、机遇、情商等,其中最重要的是情商。情商对于个人的人生成功、职场顺利和家庭幸福都是至关重要的。

(一)情商可以决定其他方面能力的发挥

情商的高低,可以决定一个人的其他能力,包括智力能否发挥到极致,从而决定他有多大的成就。情商比智商更重要,如果说智商更多地被用来预测一个人的学业成绩的话,那么,情商则能被用于预测一个人能否取得事业上的成功。优异的学业成绩,并不意味着你在生活和事业中就能获得成功。

情商高的人能将自己有限的天赋发挥到极致,美国总统罗斯福就是一个典型的例子。奥利弗·万德尔·劳尔姆斯认为罗斯福"智力一般,但极具人格魅力"。罗斯福之所以能当上美国总统,带领美国走出经济萧条,在第二次世界大战中成为真正的赢家,与他积极乐观的性格有着极大的关系。

罗斯福其貌不扬,在智力上也没有过人之处,因此他小时候是个怯懦的孩子。当他在课堂上被叫起来背诵时,总是一副大难临头的样子,呼吸急促,嘴唇颤抖,声音含糊不清,听到老师让他坐下,简直如获大赦。通常,像他这种先天禀赋较差的孩子大多是敏感多疑、落落寡合的。但罗斯福却不甘做一个生活失败者,他没有因为同学的嘲笑而失去勇气,当他在公众面前双唇发抖时,他总是暗中激励自己,咬紧牙关,尽力克服这一毛病。

罗斯福无疑是一个了解自己、敢于面对现实的人,他坦然承认自己的种种缺陷,承认自己不勇敢、不好看、不比别人聪明,但他并不因此而消沉、自卑,凡是他意识到的缺点他都尽力克服,他用行动证明先天的缺陷并不能阻碍他走向成功。他深知作为一个总统,在公众心目中的形象有多么重要,他学会了在说话时改变口型来修饰自己的龅牙。他是一个真正的公关高手,他懂得如何引导公众舆论的走向,他当上总统后立刻加入了新闻俱乐部,以此拉近与新闻记者的距离。他对每一个采访他的记者都一视同仁、以诚相待,他和新闻界建立起一种合作互助的关系,记者们不断从他那里得到真实、权威的消息,他则借助媒体将他的决策、政见传达给公众,有效地控制了舆论走向。维护总统的形象,似乎成了记者们的义务,罗斯福在国内政敌如云,经常遭到来自各方的猛烈抨击,但是他因小儿麻痹症导致的残疾形象几乎从未见报,就连最乐于捕捉花边新闻的记者也从未将他在轮椅上被人抬来抬去的镜头拍下来,他在公众心目中始终保持着高大、坚强、富于人情味的形象。

(二)情商可以使人成为更好的领导者

丹尼尔·戈尔曼在其1998年出版的《情商实务》一书中提到,相对于智商,情商往往是一种"鉴别性"的竞争力,它能很好地预测在一群非常聪明的人当中谁最有领导能力。看看全球各家机构列出的明星领导人竞争力的单项决定因素,你会发现职位越高,智商和技术能力指标的重要性就越低。当然,对于低端工作,智商和专业技术的指标性会更加明显。在最高层次,领导力的竞争力模式通常包含以情商为基础的各项能力,贡献率从80%到100%不等。一家全球执行力研究公司的研究报告指出:"首席执行官受聘是因为智力和商业才能,解聘是因为缺乏情商。"

(三)情商是人际关系得以改善的重要手段

情商有助于改善人际关系,包括上下级之间、同事之间、商家厂家与客户之间、师生之间、同学之间、家庭的各成员之间的关系。巧妙地运用情商,将有助于增进与别人的交流,用情绪情感来说服他人、安慰他人、激励他人,通过情绪情感把获得的人际关系效应转化为经济效益。

要想完成生活中的每件事,都离不开协商、沟通、影响等社交能力,那些高情商者总是游刃有余地影响着自己的上级、下级、朋友、同事以及他想影响的人,从而成就了自己。同时,能很好地建议和维护自己的人际关系,建立自己强大而宝贵的人脉网络。

(四)情商能促进管理以获得更大的成功

情商在管理中是非常重要的手段和方法,也是一种艺术,特别是对人力资源的管理。有一句流行语说"智商使人得以录用,情商则决定人能否晋升"。

对人的管理与对物的管理是根本不同的。人有生物属性,更有社会属性,人是有感情的高级动物。有不少管理者,往往用对物的管理的思维、方法和手段来管人,结果容易出事,甚至出大事。对人的管理,更多的是要刚柔并济,以柔为主;要把对人的管理、制度管理和无为而治结合起来,无限趋近于无为而治的管理。

(五)情商高的人既会激励自己,也会激励他人

在遭遇挫折、陷入低潮的时候,高情商的人会提醒自己要面对,要站起来,未来还大有可为,可能会变得更好。因为自己有这个优点、那个长处,因为自己做成过某件事、克服过某项困难,所以一定做得到。情商高的人通常积极向上。

情商高的人也会激励他人。他会赞美周围的人,他会肯定他的家人、同事、朋友、同学,别人跟他在一起常常会有一种重要感。情商高的人常常面带笑容、充满热情。

## 三、情商的能力结构

情商高低可以通过一系列的能力表现出来。戈尔曼在他的书中明确指出,情商不同于智商,它不是天生注定的,而是由下列5种可以学习的能力组成的,如图1—6所示。

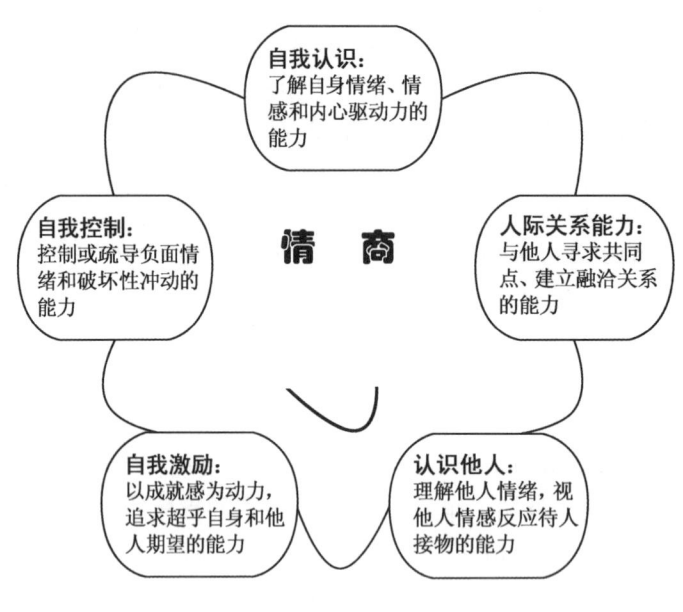

图 1-6 情商的能力结构图

（一）认识自身情绪的能力

这是一种在一种情绪刚露头时就辨识出来的能力，它是情商的基础。认识自身情绪的核心是对自己的情绪、个性、风格的一种较为深刻的自我认识。自识者智，自知者明，即个人不论在什么情况下，都应该能够冷静地对自己的性情、脾气、情绪、心理状态有个较为实际、客观、适中的评价和反思，并在一种较为自然的情况下以自嘲式的幽默感表现出来。自我意识要求当事人对自己有高度的自信，这种自信建立在扎实的知识和经验基础之上，不是夜郎自大，更不是妄自尊大。

（二）控制自己情绪的能力

这是一种控制或疏导负面情绪和破坏性冲动的能力，它的核心是在工作、学习、生活的高压下，个人情绪突然爆发时，能够很快地镇静下来，迅速调整心态，及早恢复正常状态，把握住自己。这种能力要求当事人能够运用知觉和敏感、心理暗示等方法迅速体会到心态和情绪的失误，在较短的时间内抗拒冲动，停止欠缺考虑的反应行为。善于控制自己情绪的人能迅速摆脱焦虑、沮丧和破坏性冲动，从生命的低谷中走出来。每个人都有情绪失控的时候，但失控的程度和持续时间主要取决于你的情绪自控能力。

现代社会，急躁似乎同快节奏的现代生活相联系，其实这完全是两回事。急躁使人心绪不宁，头脑容易发热，情绪控制不住，其结果经常把本来十分简单易办的事情人为地变得复杂和难以处理。事业常毁于急躁，西方哲言中说"上帝要想谁灭亡，必然使他先疯狂"，所以，要加强对情绪的控制。控制情绪的能力，是情商的核心。

（三）激励自己的能力

自我激励是指个体具有不需要外界奖励和惩罚作为激励手段，就能为设定的目标自我努力工作的一种心理特征。这种能力是情商的一个重要组成部分。中国女排之所以长盛不衰，正是因为多年来能够自我激励、严格要求、苦练勤练。对工作持续的热情源于一种内在的且超越物质、金钱、地位的动机，以及坚定不移追求理想和目标的价值取向。这类人往往具有很强的成就动机和奉献精神,对生活和工作持有积极的态度,跌倒了就爬起来,永不承认失败。因此,优秀的领导者不仅要能激励他人进取,还要善于自我激励。在中国竞争环境极为激烈的今天,自我激励的品质尤为重要。它可以把工作压力和生活压力转化成工作和生活的动力,为事业的成功、生活的美好建立良好的基础。

(四)认识他人情绪的能力

认识他人情绪是一种能够通过语言或非语言交流,比较客观地了解对方内在情感的一种能力。它的基础,首先建立在对自己情感的把握之上。对自己了解越多,对别人的内心处境也就了解得越准,这种能力能够使人与人之间建立一种相互信任的关系。有这种能力的人对别人的感受极为敏感,具有敏锐的观察能力和判断能力,不先入为主,善于观察,长于倾听思考,然后再谨慎判断。

兵法云:"知己知彼,百战不殆。"人不仅需要有自知之明,还要有知人之明。从某种意义上说,人的一生就是与他人合作或对抗的一生,只有洞悉他人的情绪,才能更好地沟通,产生情感共鸣,或对其施加影响,实现自己的愿望。

(五)处理人际关系的能力

人际关系能力是情商的最后一种能力,它是一种能够迅速建立人与人之间友谊、友情、信任关系的能力。在企业经营中,大家一致公认最重要的能力就是沟通。善于沟通,精于交流,很容易在企业经营中建立广泛的关系网络和社会关系。在今天激烈的竞争环境中,这种交流攻关能力具有极为重要的社会价值,对企业国际化、企业的创新与变革以及建立一种新型的企业文化也都很有帮助。

可以把这五种能力简单归纳为:自我认识、自我控制、自我激励、认识他人(同理心)、人际关系。心理学家认为,这些情绪特征是生活的动力,可以让智商发挥更大的效应。所以,情商是影响个人健康、情感、人生成功及人际关系的重要因素。

## 四、积极地开发情商

情商是一种表达和调节情感的艺术。它为人们开辟了一条事业成功的新途径,它使人们摆脱了过去只讲智商所造成的无可奈何的宿命论态度。因为智商的后天可塑性是极小的,而情商的后天可塑性是很高的,个人完全可以通过自身的努力成为一个情商高手,从而到达成功的彼岸。

乔布斯曾经是美国硅谷的天才,一度让苹果登上巅峰,但众所周知,他从来不控制自己的情绪,下属会被他说得一无是处,即使是投资人,也会被他批得体无完肤,时刻会显示出与他智商截然相反的低情商。当苹果电脑销售陷入困境的时候,苹果董事会希望乔布斯放弃他的团队而专注于新产品的开发时,他闯进办公室,直接告诉首席执行官斯卡利:"你应该离开苹果,而不是我!"尔后不到一年,他就被赶出了自己创立的苹果。这一年是1985年,他刚刚30岁。被迫离开后,乔布斯认识到自己"最擅长的事情就是召集一组天才般的人,和他们一起设计产品"。乔布斯也这样做了,他首先创办了NeXT公司,后又买下了一个电脑动画制作组,将其办成了著名的皮克斯动画制作公司。在乔布斯被迫辞职十年后的1996年,苹果公司以3.775亿美元现金加150万股苹果公司股票的价格买下了NeXT公司,1997年乔布斯重新担任苹果CEO直至他离世。他在2005年斯坦福大学毕业典礼上作的演讲中讲道:"被苹果公司解雇,是我人生中一件不可多得的好事,作为成功者的沉重负担,被再次变成创业者的轻松感所取代,对任何事都不再特别看重,这让我感觉自由,并促使我进入一生中最具创造力的时代。"

1997年他再次回到苹果时,很多人都觉得他已经不再像当年那样怒形于色,为了挽救苹果,他还出人意料地宣布,与昔日的"敌人"微软合作。对这一点,他的解释可谓轻描淡写:"为了苹果,我们可以放弃一些东西。"曾经的挫折,让乔布斯不再是一个情绪随时失控的人,当年解雇乔布斯的首席执行官斯卡利则回忆说:"当时驱逐乔布斯,或许并非明智之举。"这次回来,尽管他对品质的追求还是一如既往,但他更有智慧了。重返苹果公司的乔布斯,不仅让苹果创造了奇迹,也让他自己成为一个传奇,从这个天才身上,我们可以看到,情商虽然是天生的,但是,是可以改变的。同时,乔布斯的传奇也说明了,虽然情商是天生的,但也是可以改变的。

对个人来说,积极地开发自己的情商要做到以下两点:

一是健全自己的认知能力。首先,要健全自我认知能力。对自己的性格、气质、兴趣等心理倾向,以及自己在集体中的位置与作用、自己与周围人相处的关系,要有一个客观、正确的认识,即健康的自我意识。其次,要正确认识他人和社会,学会与他人融洽相处,培养与他人的协作精神。另外,在认识过程中追求乐观、自信、热情、冷静、勇敢等积极情绪,并根据社会变化不断调适自己的需要、动机、理想,积极主动地适应社会。

二是强化自我调控能力。首先,要对不良情绪进行调控。当意识到自己出现愤怒、悲伤、忧愁、恐惧等不良情绪时,要立即进行调适,摆脱不良情绪,保持一个健康、稳定、平和的心态。其次,在进行某项活动时要善于调动自信、乐观、热情等情绪因子来激发自己的动机。这些情绪的产生和消失直接影响着人的行为方式。因此,要有意强化这些情绪因子,用活动目标、结果和自身内在需要的满足来激励自己。最后,要坚定自己的意志。当实现目标过程中遇到困难和挫折时,要控制自己的不良情绪,用坚强的意志、乐观的情绪来实现目标。

在现代社会,人们要承受来自家庭、学业、社交等各方面的压力,而要想在如此巨大的压力下游刃有余,则比较困难。那么如何才能解决这些问题呢?其实关键便是提升你的情商。不然,你就只能等着被压力拖垮,一天天萎靡下去。高情商者总是会利用身边的一切去鼓励他人、赞美他人,从而令自己得到和谐的人际关系。胸怀坦荡,知足常乐,用情商来修炼我们的人格魅力,去感染身边的每一个人。

目前,世界上已经有很多国家把情商教育纳入教学过程中,近十多年,世界各国教育者们发起了社交与情绪学习(SEL)项目,目前该学习项目已经覆盖了全世界几万所学校,如图1—7所示。在欧美等发达国家,截至2011年,该项目已有接近16年左右的教育领域的实践。该项目由美国非营利组织CASEL发起,旨在推行将SEL作为从幼儿园到高中教育的必修课程。截至2005年,SEL项目已覆盖全球数万所学校。

在一些国家和地区,社交与情绪能力学习已成为一把无所不包的"保护伞",囊括了性格教育、预防暴力、预防毒品、反校园暴力及加强学校纪律等项目内容(即:增加少年儿童的合作性)。社交与情绪学习(SEL)计划的目的不仅仅是在学生中消除这些问题,还要净化校园环境,最终提高学生的学习成绩。这一结论是由CASEL的研究人员对一项大型SEL计划进行全面评估、综合分析之后得出的,该项研究对象样本为668人,涉及学前儿童、小学生、初中生、高中生。

此项研究的发起人罗杰·魏斯伯格(Roger Weissberg)同时也是CASEL机构的负责人。该研究发现,学生成就测验分数和平均学分绩点表明,SEL项目对他们的学习成绩起到了很大的促进作用。在参与SEL计划的学校,50%的学生成绩得到提高,38%的学生平均学分绩点有所提高。学生不良行为平均减少28%,终止学业的学生平均减少44%,其他违纪行为平均减少27%。与此同时,学生出勤率有所提高,63%的学生明显表现出更积极的行为。

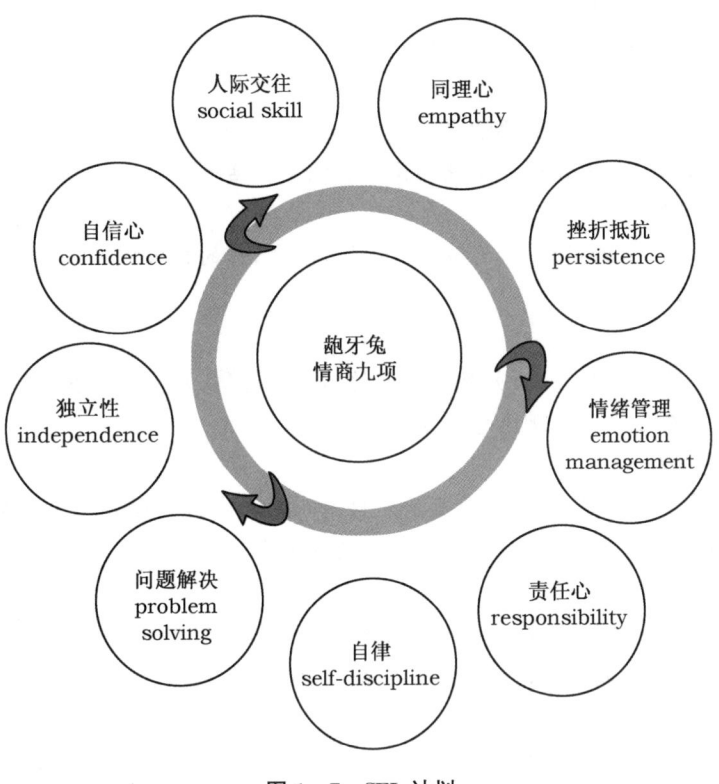

图 1-7　SEL 计划

对大学生或成人而言，情商的培养同样重要。清华大学经济管理学院吴维库教授经过多年对情商的研究及教学指出，成人可以通过培训极大地提升情商和改善生活质量。他在清华大学经济管理学院进行 MBA 的情商与领导力教学时，每个班级开课之前都用情商量表测试学生的情商现状，在课程结束后再用同一个量表测试，发现培训后学生的情商确实提高了。

良好的情商能给大学生带来健康的身心、和谐的人际关系，能使大学生正确认识自我、适应社会竞争，也是大学生有效生活、学习和工作的保障。因此，无论是对大学生的学习还是未来的工作与生活，情商都有着重大的意义。

对大学生而言，一是要养成良好的生活和学习习惯。人对情绪反应会养成一定规则，良好的生活和学习习惯会使人的情绪稳定，形成正确的情绪习惯。二是要学会了解和控制自己的情绪。通过自身的反省和调整，化解一些不良情绪，激励自己朝着一定的目标努力。三是要关注自身的知识、能力与修养。要主动学习文史、历史、美学等知识，阅读优秀读物，主动培养自身的独立思维能力、实际动手能力和创造能力。四是注重课堂之外对情商的培养。通过参加各类报告会、交流会、联谊会及文化艺术、音乐、体育等活动，通过到基层调查访问等方式，把自身融化在日常生活中或实践课堂中去学习和磨炼，以吸取营养，对提高情商也是很有益处的。

**知识拓展**

**高情商的 11 种表现**

第一，不抱怨不批评。

高情商的人一般不批评别人，不指责别人，不抱怨，不埋怨。其实，这些抱怨和指责都是不良情绪，它们会传染。高情商的人只会做有意义的事情，而不做没有意义的事情。

第二，热情和激情。

高情商的人对生活工作或是感情保持热情、有激情。知道调动自己的积极情绪，让好的情绪伴随每天的生活工作。不让那些不良的情绪影响到生活或工作。

第三，包容和宽容。

高情商的人宽容，心胸宽广，心有多大，眼界有多大，你的舞台就有多大。高情商的人不斤斤计较，有一颗包容和宽容的心。

第四，沟通与交流。

高情商的人善于沟通与交流，并且以坦诚的心态来对待，真诚又有礼貌。沟通与交流是一种技巧，需要学习，在实践中不断地总结摸索。

第五，多赞美别人。

高情商的人善于赞美别人，这种赞美是发自内心的真诚的。看到别人优点的人，才会进步得更快，总是挑拣别人缺点的人会故步自封，反而会退步。

第六，保持好心情。

高情商的人每天保持好的心情，每天早上起来，送给自己一个微笑，并且鼓励自己，告诉自己是最棒的，告诉自己是最好的，并且周围的朋友们都很喜欢自己。

第七，聆听的好习惯。

高情商的人善于聆听，聆听别人的说话，仔细听别人说什么，多听多看，而不是自己口若悬河。聆听是尊重他人的表现，聆听是更好沟通的前提，聆听是人与人之间最好的一种沟通。

第八，有责任心。

高情商的人敢做敢承担，不推卸责任，遇到问题，分析问题、解决问题。正视自己的优点或是不足，敢于担当的人。

第九，每天进步一点点。

高情商的人每天进步一点点，说到做到，从现在起，就开始行动。不是光说不做，行动力是成功的保证。每天进步一点点，朋友们也更加愿意帮助这样的人。

第十，记住别人的名字。

高情商的人善于记住别人的名字，用心去做，就能记住。记住了别人的名字，别人也会更加愿意亲近你，和你做朋友，你会有越来越多的朋友，有好的朋友圈子。

第十一，好东西善于分享。

高情商的人会将好东西分享给朋友，独乐乐不如众乐乐。分享是件奇怪的东西，绝不因为你分给了别人而减少。有时你分给别人的越多，自己得到的也越多！

## 阅读材料

### 大学生低情商的表现，你中枪了吗？

大学四年是人生中值得好好付出、好好珍惜的岁月。尽管来时的路犯下了种种错误，但我们依然有理由对未来充满信心。杨澜曾说：我们年轻，不是因为青春，而是因为我们有犯错误并改正的机会。

**第一种傻学生：课程不好就不上，白交学费了。**

这种人在大学里可有不少啊，因为学校开的课程自己不喜欢学或者老师讲得不好，他就逃课，以为"我走我路"很酷，其实是在伤害自己，而且是最傻的。

第一，学校开的课一定是有其用处的，当然不排除一部分过时的课程，可是作为第一次学习这门专业和课程的学生来说，你有什么资格说不喜欢呢？尤其是在你连自己的专业是什么、有什么用等都说不清的情况下，所以，当你理解不了时还是先听学校的安排吧，认真去上课吧，其实，如果你真的用心去听一门课，再去多看点相关书籍时，你就会发现这门课还是有其用处的，只不过因为你自己了解不多和不深，还理解不了而已，只是你个人觉得无用而已。

第二，你上的课是要花钱的，你上一节课就是赚一节课的钱哦，你是在开学之初将学费一次性交齐的，所以你感觉不到上课花钱。可是你不能因为没有意识到，就浪费你父母的钱啊，如果将教育看作投资的话，那你的回报在哪里呢？这是需要所有逃课学生思考的事情。

第三，如果真的是老师授课方式方法的问题，你应该去谋求老师的改变啊，你可以通过给老师或给院系提意见，即使最后老师没有采纳和改变，那你也不能不去学这门课程，课程是固定的、有用的，如果授课的老师不好，那你可以不去听老师，但也要把课程学好，这才是学习之道。希望那些因为讨厌老师而放弃课程的同学有些思考。最后，如果你还是选择逃课的话，那请你一定要做些与这门课程或自己专业，抑或对自己发展有益的事情，而不应该是在睡大觉或是玩游戏。

**第二种傻学生：没有目标地混，来大学为了啥都不知道。**

整体的迷茫是这一代人的通病，但对于高学历的大学生来说，到了大学之后，还没有自己的目标那就说不过去了。对于没有目标的人来说，是很容易随波逐流和放弃努力的，也更容易被外在诱惑而改变目前的一切，这正如你在大海上航行，如果没有目标的话，那什么方向来的风对于你来说都是逆风。所有的大学生都应该搞清楚以下几个问题：

第一，你为什么要考大学？在你的一生发展之中，你是不是非上大学不可呢？如果不上大学，你的人生会怎样呢？也就是说，你要搞清楚大学对你人生的作用和意义是什么，而不是仅仅因为你父母要求你上大学或你看到大家都上大学，你也上大学。

第二，在大学里你要得到什么？如果你的目标必须要经历上大学的话，那么你就要提出对大学的量化要求，你都要学到什么、得到什么，将这些目标都写下来，等毕业时再回头看，你就知道自己有多成功了。

如果你是属于没有目标就上了大学，而上了大学也没有目标的那类人的话，现在最为紧迫的就是确立一个目标了，你可以以毕业后要做什么工作为目标，在分析时你就会发现自己与其的差距，那么你的大学也就有了折腾的依据。

总之，没有目标的大学是可怕的，是无聊的，更是荒废的，所以，即使树立一个自己都不相信可以实现的目标，那你也要确定它为自己的目标，然后在大学努力再努力为之准备，目标还是要有的，万一实现了呢？谁又能保证当你坚持了五年、十年、二十年，当初在大学里树立的目标不会成真呢？

**第三种傻学生：有时间时就是潇洒，不为未来着想和努力。**

首先，大学是人生最后的一段集中学习和改变自己的时期，过了这几年，你的人生都将在工作和忙碌中度过了，那时候即使你有时间也没心情了，所以，格外珍惜和最大化利用这段不可再生的时间是每个人都要考虑的问题。

其次，大学是你可以有时间和精力、能力改变自己的四年，如果你有一个很好的理想却因为能力不够,那么这段时间就是你最好的改变机会,如你的口语不好,那么在大学里辛苦锻炼口语就是你的目标。这两个重要性很多人都没有认识到,再加上没有人生目标,直接导致了很多大学生随波逐流、随欲而为,没有课的空余就是他娱乐的所有时间,上课和考试成了他们要应付的最大问题,其余的就是让自己舒服地玩,彻夜游戏、通宵打牌和看片、过度睡眠、肆意游玩等成了他们大学生活的主旋律。

所以,他们那时只有无奈地接受这个噩耗,让自己从头开始。而且令人气愤的是,其实大学生已经有这种失败的经验了,高中时的努力不够和准备不充分,让自己无奈地进入不情愿的大学和专业,不就是一个最好的例子吗?可是不善于反省和思考是中国大学生的通病,我似乎已经看到了这类傻学生在毕业时的窘态了。

**第四种傻学生:只知道个人舒服享乐,千方百计剥削家里。**

剥削父母被很多大学生认为是天经地义、理所应当的事情,因为父母生了我们就要养我们,同时为子女全力以赴也是中国父母的甘心情愿;我们这里不是要否定这种伦理关系和真实情感,而是要提醒那些只顾自己享受而不考虑家庭环境如何的一些无良大学生,他们为了满足一己私欲、虚荣心,为了买可有可无的高档手机,为了买看碟、玩游戏的电脑,为了自己的伟大爱情而慷慨解囊,为了所谓的面子而大肆挥霍……这些学生不把心思放在学习长本事上,反而学会了享受和摆阔、攀比,从而让本就经济条件不好的家为其高消费而进一步困难,也更加剧了父母的劳作和艰辛。

**第五种傻学生:什么事也不请教过来人,就靠自己摸着石头过河。**

有些人的个性很封闭,他们完全活在自己的圈子和世界里,他们不愿意和别人交流,他们不注重经历和经验对人成长的巨大作用,他们完全靠自己的摸索,即使有捷径走他们也不听而非要自己去撞一下南墙才罢休。大学,本来就是传承的机构,传承知识、方法、经验、文化;而且,在和别人的交流、讨论中成长也是比较好的一种成长方式,所以,那些在知识、经验上独自探索的学生无疑是很傻的。大学生最少要就以下几个问题来请教过来人:第一是如何利用和规划大学的问题;第二是专业选择和学习方法的问题;第三是校园活动和社会实践的问题;第四是职业选择和实习的问题。如果你对以上问题不断去请教,那么你将有效减少摸索的时间,为开发自己赢得大量时间,否则,你就是那个考试交卷后的人,虽然一切都知道了,但一切也都晚了。

**第六种傻学生:四年看的书没有一个月看的片多,不注重充实自己。**

大学生有什么?大学生在大学时有的就是时间和年轻。那么大学生毕业时有什么呢?广博的知识和过硬的能力应该是一个不错的答案。可是广博的知识哪里来呢?除了图书馆和自习室,没有什么地方可以满足了,就是这样一个很明显的问题,还是有很多大学生不明白,从而导致很多学生不重视读书,甚至有些大学生在整个大学里只去过几次图书馆,除了办证和还证,就是考试期间的自习;更别提读 1 000 本书,博览古今了。大学给所有大学生最公平的资源其实就是图书馆了,可是就是有一些傻学生不去也不会利用,真是令人寒心。最后还要提醒的是,图书馆并不仅仅是你学校的,也可以是你所在城市的,或是其他学校的,包括很大的书店都是,只要是图书汇集的地方就是你学习的场所。

**第七种傻学生:盲目跟风考证,既浪费钱财又浪费时间。**

大学里考证是一股风,是一股随波逐流的风,已经很难有理智地选择了,这些看什么证热就考什么证,看到大家考什么证就去报什么考证班的学生就是第七种傻学生。大家知道,证书,尤其是职业准入证书,是你从事一个职业的基本要求和门槛,如果你不打算从事这个职业,那么就没有必要去考。当然,有些能力证书还是要去考的,如计算机证书。这些傻学生们认为证多不压身,而且总有一天会用到的,其实有些证书是一辈子也用不到的,因为你没有从事那个职业,如你考了报关员证书,可是你毕业后干的却是教育行业,那你说这种证书投资不是浪费了吗?

有些学生会说,我也不知道自己要做什么、喜欢做什么工作,我先利用大学多考点证书,不就为日后的就业做准备了吗?其实这里存在两个问题:第一,了解自己并确定喜欢什么职业;第二,为毕业后的工作做准备。了解自己并确定喜欢什么职业是有方法的,具体的就是了解职业和探索职业,就是即使你期望通过考试来了解职业,那也没有必要一定要去考证,你完全可以去看教材或学习教材来了解,如你想判断自己是否适合做,那你可以看相关的考试教材,而不一定非要得到证书,这样你的投入会少些。为毕业后的工作做准备,虽然一个很好的想法,但是如果你没有方向和目标,就算你毕业后有一大堆证书又有什么用呢?记住,和求职不相干的证书是不能突出和凸显你的能力的,这就像人家在进行体操比赛,你拿着柔道证书就来了。有时候方向错了,停止就是进步。

**第八种傻学生:谈了恋爱就忘了全世界,不知道大学除了爱情还有别的。**

大学里谈恋爱后悔四年,大学里不谈恋爱后悔一辈子,这是证明在大学里谈恋爱的最好解释。本文不是要讨论大学里应不应该谈恋爱,而是那些谈了恋爱就忘了一切的傻学生。如果你耐不住寂寞,如果你遇到了真心人,那么你恋爱了无可厚非,但是现在大学里有这样一些人:他们谈了恋爱之后就完全沉浸在二人世界里,什么学习、活动、实习、家人、就业、理想等都给遗忘或淡化了,两个人整天腻在一起,仿佛得到了全世界,找到了人生的全部,这样的状态在毕业后对待感情时的态度是可以理解的,但是,这是在大学哦,你来大学是为了什么?大学生的天职是什么?在大学这个特定场合和空间里,你忘乎所以地投入到感情里是要警醒的,毕竟,大学本身赋予你的还有更多。大多数大学情侣在毕业时面临家庭、工作、社会的压力而分手。

**第九种傻学生:做点好事总要大张旗鼓地成群结队去做,平时连为人指个路都觉得烦。**

日行一善已经成了对大学生的负担和过分要求,不做坏事、少做伤害人的事、不影响人家做事和做好事就是对大学生的三条基本要求了,能做到这三点就已经是目前的三好学生了。一些学生社团,如爱心社、志愿者协会,他们会定期组织一些学生去做好事,如到敬老院、孤儿院等去慰问,或者打扫天桥、捡捡垃圾什么的,这里要否定不是好事做得多么小,其实只要做了,无论大小就是一种进步,但是,这些人做点好事却有让全世界都知道的心态和行为,照相、录像、新闻稿、校报、广播站、其他媒体都要宣传,搞得好像多么伟大似的,而且往往是形式大于内容,就是说就做了那么点好事,有时候做的甚至是分内事,也要舆论宣传;甚至有些时候让人感觉,如果没有宣传,这种行为就不会有人参与,再明白点说,就是没有好处、没有宣传的好事是不做的,可当你做好事的不良动机远大于做好事的结果时,你这不是在亵渎慈善和志愿者吗?应该是在自律下融入个人生活的平常行为,而不是大张旗鼓的、偶尔的、一学期两次的定量要求,如果你能在平时多尽公民义务、多与人方便,那你就是一个默默的高尚的人,就无需去成群结队地忙着做好事了。可是,浮躁的、要加分的、要得三好学生的大学生们能忍受这个无偿付出吗?

**第十种傻学生:不知道向学校要资源,你是顾客你沉默。**

现在的大学已经彻底沦为了商业营利机构,不要以为你是在接受国民的大众化教育,其实你是在对自己的未来进行投资的投资者,你是一个交钱买知识的消费者,每年的学费就是你的投资和消费凭证,既然与学校关系是这样的单纯的商业关系,那你对学校的所有不满意都是有发言权的,你应该主动维护自己的权益,而不是在不满怨恨中匆匆结束自己的大学,取消自己的投资,忍受学校的消费欺诈。学校制度不合理而带给你的不便你可以找校长提,专业课程设置的不科学你可以找教务处谈,你找不到实习可以找就业指导中心谈,你需要助学金帮助你可以去助学中心谈,总之,你在学校里遇到的一切困难都可以找学校的相关部门谈,当你最大化地利用学校的资源时,你会发现大学是如此美妙!

# 第二章 自我认识能力实训

### 案例导入

凯莉是一位年轻的美国妇女,有一天她决定辞掉银行职员的工作,去做一个拖车代理商。当时美国的拖车市场竞争非常激烈,朋友们都劝她放弃这个想法,他们认为她没有能力在一个陌生的行业里去参与白热化的竞争,况且,她既没有足够的资金,也没有拖车销售的经验。

凯莉承认自己资金不够,当时她的全部积蓄不到 3 000 美元,这点资金对于拖车生意来说简直是杯水车薪。但是,凯莉坚持认为自己的性格很适合这种富于挑战性的工作。她冷静客观地分析了自己的能力:首先,她性格开朗,善于与陌生顾客沟通,这是她最大的优势所在;其次,她在银行从事的是调研工作,经常调查各种客户的经营方式,因此了解各行各业的经营诀窍,她可以把其他行业的某些销售方法用于拖车销售上;最后,她认为自己完全能够胜任这个工作。

"至于经验,"她对她的朋友们说,"经验虽然可贵,但也容易阻止人们去尝试新的方法。我研究过那些竞争对手,他们过于依赖已有的经验。这一行业竞争激烈,但他们所用的方法都差不多,这就为我这个新手提供了机会,我有把握做得比全城任何一家代理商都好。我知道我可能会犯错误,会遇到困难,但我有能力解决所有问题。"

后来的事实正如她所说的,她的第一个难题——资金问题很快就解决了。她拿出了一份详细的市场分析报告和销售方案,并以她的热情和信心赢得了两位投资人的信任。她还做到了一件别人做不到的事,即说服一家拖车制造商在不收押金的情况下向她供货。结果,第一年,这位初出茅庐的拖车销售商就卖出了 100 多万美元的产品。第二年,她成了堪萨斯州最大的拖车代理商,其年收入已是做银行职员时的 300 多倍。

单从智力的角度来说,凯莉并不是出类拔萃的,但她却有一种了不起的智慧,那就是自知之明。她知道自己欠缺的是什么,也知道自己的优势在哪里,然后恰到好处地用自己的优势来弥补缺陷。于是,她成功了。她的成功来自她对自己能力的正确认识和运用。

# 第一节 自我认识概况

## 一、自我认识的含义

自我认识,是指能够认识自身的情绪,能够觉知某种情绪的出现,观察和审视自己的内心体验,监视情绪时时刻刻的变化,即当自己某种情绪刚一出现时便能够察觉,它是情绪智力的核心能力。一个人所具备的能够监控自己的情绪以及对经常变化的情绪状态的直觉,是自我理解和心理领悟力的基础。如果一个人不具有这种对情绪的自我觉察能力,或者说不认识自己的真实的情绪感受的话,就容易听凭自己的情绪任意摆布,以至于做出许多甚至是遗憾的事情来。

丹尼尔·戈尔曼将这种自我认识定义为"了解一个人的内在状态、喜好、资源和直觉",这个定义超越了对一个人当下情绪体验的深入了解,扩展到一个"自我"的更大范围,比如明白我们的优势和局限,并且能接近我们内在的智慧。

丹尼尔·戈尔曼认为,在自我认识的范畴下有三种情绪能力,如图2—1所示。

(1)情绪的觉知——认识个人的情绪及其影响;
(2)准确的自我评定——了解个人的优势和局限;
(3)自信心——一种对个人自我价值和能力的强烈的感知。

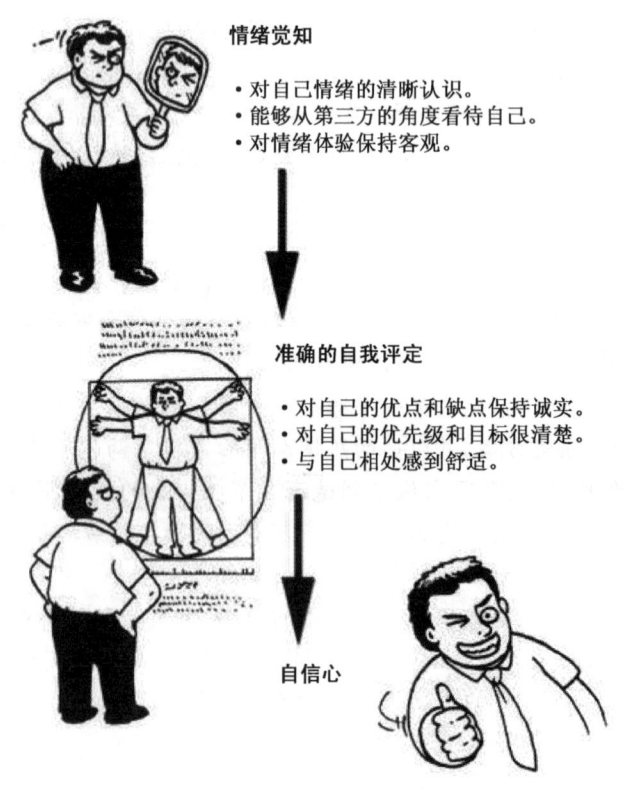

**情绪觉知**
- 对自己情绪的清晰认识。
- 能够从第三方的角度看待自己。
- 对情绪体验保持客观。

**准确的自我评定**
- 对自己的优点和缺点保持诚实。
- 对自己的优先级和目标很清楚。
- 与自己相处感到舒适。

**自信心**

图2—1 自我认识的情绪能力图

其中情绪的觉知主要是在生理层面运作,而准确的自我评定主要是在意义层面发生作用,情绪的觉知指的是我能准确无误地觉知出身体中出现的情绪,知道这些情绪来自哪里,以及它们会如何影响我的行为。相反,准确的自我评定,超越了我感受到的那些情绪,并从人的角度将这些感受到的知识内化到对自己的了解中,这通常会涉及以下这些问题:"我的优势和劣势是什么?我的资源和局限是什么?对我来说什么是重要的?"准确的自我评估是建立在情绪觉知基础之上的。

自信是一种强大的能力。持续恒久的自信需要深刻的自我觉知和不加掩饰的自我诚实,就是对自己不要隐瞒任何事情,它来源于准确的自我评定。如果能够准确地评估自己,我们就能够清晰而客观地看到我们最大的优点和最大的缺点。我们要对自己保持诚实,不管是最神圣的愿望还是最黑暗的欲望。我们要了解生活中最高优先级的事情,什么对我们是重要的,什么对我们来说是不重要的、可以放手的。最终,我们会达到一种完全接受自我的舒适状态。我们对自己没有不能说的秘密,没有什么事情是不能处理的。这是自信的基础。

强大的情绪觉知会引起更准确的自我评估,这又反过来导向更高的自信。

## 二、如何正确认识自我

每个独立的个体都携带着各种各样的情绪,它们会在我们身上留下痕迹,这就是"情绪地图"。了解自己内在的情感状态,探索他人与自己的内在经验世界,从而正确地认知自己和他人,就可减少心理投射,避免误解、摩擦和冲突。一般来说,高情商者是通过以下四种方法来认识自我情绪的:

第一,情绪记录法。做一个了解自我情绪的有心人,有意识地连续记下自己最近一段时间(比如,两到三天或一个星期)的情绪变化过程,情绪记录表的具体记录项目可以为:情绪类型、时间、地点、环境、人物、过程、原因、影响等。

第二,他人评价法。通过与你的家人、上司、下属、朋友等交流沟通,用他人的眼光来认识自己的情况。

了解那些经常与你接触的人对你的评价,是了解自己的情绪的重要途径。因为他人的评价比自己的主观认识具有更大的客观性,如果自我评价与周围人的评价差别不大,表明你的自我认知能力较好;反之,则表明你在自我认知上有偏差,需要调整。

然而,对待别人的评价要有认识上的完整性,不可只以自己的心理需要而只注意某一方面的评价,应全面听取、综合分析,恰如其分地对自己做出评价和调节。大多数人通过别人的看法来观察自己,为获得别人的良好评价而苦心迎合。但是,把自己的自我认知完全建立在别人的评价上,就会面临严重束缚自己的危险。

第三,情绪自省法。人生的棋局该由自己来摆,不要从别人身上找寻自己,应该经常自省并塑造自我。

成功和挫折最能考验个人的修养、性情,因此,我们可以通过自己成功或失败时的经验和教训来发现自己的情绪特点,在自我反省中重新认识自己,把握自己的情绪走向。

第四,情绪测试法。借助权威的情绪测试软件,或咨询专业人士,获取有关自我情绪认知与管理的方法与建议。

了解自己情绪的人,大多善于将自己的情绪调节到一个最佳状态,顺应他人的情绪基调,轻而易举地将他人的情绪纳入自己的主航道,这一本领能让他们在交往和沟通中一帆风顺。强有力的领袖人物、富于感染力的艺术家都能敏锐地认识和监控自己的情绪表达,不断调整自己的社会表演。

当你开始观察和注意自己内心的情绪体验时,一个有积极作用的改变正在悄然发生,那就是情商的作用。

高情商者往往能有效地察觉自己的情绪状态,理解情绪所传达的意义,找出它产生的原因,并对自我情绪做出必要、恰当的调节,始终保持良好的情绪状态。低情商者则不能及时地认识到自我情绪产生的原因,而无法有效地进行控制和调节,致使消极情绪影响心境,久久不退。

在生活中,有的人乐观向上,有的人却悲观绝望,究其原因,是他们观察和处理自己情绪的方式不同。心理学家迈耶将人的情绪管理方式分成以下几种类型:

一是自我觉知型。一旦情绪出现,自己便能觉察。这种人情绪复杂丰富,心理健康,人生观积极向上;情绪低落时绝不辗转反侧、缠绵其中,自我觉知型的人能有效地管理自己的情绪。

二是难以自拔型。这种人一旦卷入情绪的低潮中便无力自拔,听凭情绪的主宰。他们情绪多变且反复无常,而又不自知,常常处于情绪失控状态,精神极易崩溃。

三是逆来顺受型。这种人很了解自己的感受,接受并认可自己的情绪,并不打算改变它。这类人又被称为认可型。认可型又分为两种:乐天知命型——整天开开心心,自然不愿也没必要去改变;悲观绝望型——虽然认识到自己处于不良情绪中,但采取不抵抗主义,抑郁症患者就属于这种类型,他们在自己的绝望痛苦中保持中立自省的能力。

从丹尼尔·戈尔曼对自我认识的定义,我们知道认识自我包含三个方面的能力,从情绪的觉知到准确的自我评定,再到自信。所以,认识自我,并不仅仅是认识自己的情绪,还包括对自己的了解及评价、自信心等。

认识自己,心理学上叫自我知觉,是一个人了解自己的过程。在这个过程中,人更容易受到来自外界信息的暗示,从而出现自我知觉的偏差。

在日常生活中,人既不可能每时每刻去反省自己,也不可能总把自己放在局外人的地位来观察自己。正因为如此,个人便借助外界信息来认识自己。个人在认识自我时很容易受外界信息的暗示,从而常常不能正确地知觉自己。

心理学的研究揭示,人很容易相信一个笼统的、一般性的人格描述特别适合他,即使这种描述十分空洞,他仍然认为反映了自己的人格面貌。心理学家巴奴姆曾做过一个有趣的实验,他在报纸上刊登广告,声称自己是占星术家,能够遥测每个不相识者的性格。广而告之后,读者来信纷至沓来。这位心理学家根据读者来信寄出了数百份遥测评语。有200多人回信感谢,称赞他的遥测准确,十分灵验。谁料心理学家寄出的竟是内容完全相同的标准答案:"你很需要别人喜欢并尊重你。你有自我批判的倾向。你有许多可以成为你优势的能力没有发挥出来,同时你也有一些缺点,不过你一般可以克服它们。你与异性交往有些困难,尽管外表上显得很从容,其实你内心焦急不安。你有时怀疑自己所做的决定或所做的事是否正确。你喜欢生活有些变化,厌恶被人限制。你以自己能独立思考而自豪,别人的建议如果没有充分的证据你不会接受。你认为在别人面前过于坦率地表露自己是不明智的。你有时外向、亲切、好交际,而有时则内向、谨慎、沉默。你的有些抱负往往很不现实……"这个实验后来被称为"巴奴姆效应"。

"巴奴姆效应"一方面提示了我们的认知心理特点,另一方面也迎合了我们认识自己的欲望。可见,认识真正的、具有个性的自己是一件很难的事情。要想发现真实的自己,可以从以下几个方面作出努力。

1. 正确对待外部"标签"

在古希腊帕尔纳索斯山神庙的一块石碑上刻着这样一句话:"你要认识你自己",这富有哲理性的深刻警示是人类的宝贵精神财富。"认识自己"是一句至理名言,也是一个很好的忠告。每个人都或多或少曾经问过自己:我是一个什么样的人?我有什么爱好特长?我能成为一个什么样的人?等等。这是人生的问题,也是生活的智慧。而问题的答案需要靠自我的了解来完成,唯有了解自我、控制自我的人,才能够走向成功。

认识自己,是古希腊先哲给世人的忠告,也是一个人安身立命的根本。然而,正确地认识自己并不是一件容易的事。清初文学家石成金讲过这么一个笑话:

有个押解犯人的公差,押了一个犯了罪的和尚去充军。公差知道自己记性不好,为了防止路上遗漏什么,动身前他把所有的人和物品都检查了一遍,还编了个口诀,叫作"包裹、雨伞、枷;公文、和尚、我"。一路上,嘴里常常这么念叨着。

和尚知道他很糊涂,就在旅店里把他灌醉,给他剃了一个光头,把枷锁戴在他的脖子上,然后逃走了。第二天早上,公差醒来后做的第一件事就是检查有没有少什么。

"包裹",看到包裹在桌上放着,就应一声:"有!"

"雨伞",雨伞在包裹旁边:"有!"

"枷",他找了一会儿,发现枷锁在自己的脖子上:"有!"

"公文",摸摸身上,公文还在,"有!"

"和尚",他四处看看,和尚竟不在,"糟了!"公差急出了一身冷汗,把犯人丢了可不是闹着玩的。他满屋子乱转,终于在镜子里看到了自己的光头,又用手摸了摸,这才松了一口气:"谢天谢地,和尚也在!"于是继续喊:"我!"

他又是一番搜寻,却始终没有找到那个"我"。"我哪儿去了?"公差摸着自己的光头,陷入了迷惑之中。

这个公差认识自己、区分"我"与和尚的依据仅仅是头发的有无,如此表面地判断事物,不迷失自己才怪呢!很多人对自己的认识就像这个公差,不是通过审视自己的内心,而是习惯于依据那些表面的"标签"。

外部的"标签"大多是一种表面、肤浅的评价,并不能反映真实的自己,却极大地影响了一个人对自己的认识。你从牙牙学语开始,对自己的认识就会受到外部环境的干扰。长辈、兄弟姐妹、伙伴、老师、同学,这些人对你的看法就像贴在你身上的一个个"标签",为你认识自己提供了参照,同时也设置了障碍。

通常,他人只能根据你的外在表现来认识你,例如表情、语言、动作等。从理论上说,一个人的外在举止和内心活动是相应的,但是实际情况并非这么简单。人的心理十分复杂,比如说,人们通常认为骄傲的人比较自信,谦虚的人比较自卑,但有时候情况正相反,有的人会用狂妄自大来掩饰自己的自卑,也有人由于自信而变得随和、谦虚。

此外,他人对你的认识还受诸多因素——如个人好恶、成见、流行的价值观等——的干扰,不一定准确。同样的事物,不同的人会贴上不同的"标签"。比如一个好动的孩子,有人说他活泼可爱,也有人说他调皮捣蛋。爱因斯坦小时候曾被老师认为是个低能儿,爱迪生童年时也得到过同样的"标签",但是放眼历史,在智慧和创造力上超过这两位的实在为数不多。那个以纸上谈兵贻笑后世的赵括,谈起打仗来头头是道,被赵国人当作军事家隆重推出。然而,后来的事实证明,他只是一个熟读兵法而没有实际经验的年轻人,他和那个军事家的"标签"是完全不相符的。来自外界的"标签"可以作为我们认识自己的参照,但不能作为唯一的依据,要想看到真实的自己,就要经常审视自己的内心。

2. 走出自欺的泥沼

安徒生童话《皇帝的新装》里的那个皇帝,为了表明自己是个聪明人,穿着一身想象中的新衣服,洋洋得意地走在大街上;而他的臣民们为了表明自己不是傻子,也装模作样对那子虚乌有的华服赞叹不已。但假的终归是假的,一个不谙世事的孩子直截了当地说出了真相:"皇帝什么都没有穿!"

皇帝本想掩饰自己的愚蠢,最终却暴露了自己肥胖的肚子和臃肿的屁股,当然,他的愚蠢也随之暴露无遗。这虽然是个童话故事,却提示了人类的一种普遍心理现象——自欺欺人。只要注意观察,我们就会发现身边不乏这种皇帝似的人物。如果再进行一番自我剖析就会看到,我们自己也都不同程度地是那个迷恋新装的皇帝。

自欺欺人,是我们认识自己的另一个障碍,与外部的"标签"不同,这个障碍来自我们的内心。我们每个人,要想在竞争激烈的社会上立足,总会遇到很多困难和冲突,现实和我们的理想往往有着很大的差距。当困难让我们束手无策时,我们就会感觉到自己的弱小;当冲突威胁到我们的生存时,我们可能会委曲求全。但是,无能、怯懦这样的自我评价是我们无法承受的,我们必须找出种种理由让自己相信我们的选择是正确的,或者把失败归结于种种外部原因。其实,自欺欺人也算是一种自我保护,但这是一种无效的保护,因为这只是暂时的麻痹,并不能改变事实。自欺欺人会妨碍我们正确地认识自己,使自己失去自我完善的动力。

每个人内心都有积极、美好、光明的一面,也有消极、丑恶、阴暗的一面。当不好的那一面在我们心中占据了优势时,有的人会及时反省,调整心态,重新唤醒那个美好的自己;而有的人却回避现实,粉饰自己,自欺欺人。如果一个人习惯于以自欺的方式来回避自己的缺点和失败,并乐于享受这种病态的心理平衡,那么天长日久,他就会真的相信自己的谎言,从而失去了认识自己的能力,陷入失败的泥潭而无力自拔。我们要敢于正视自己,尤其要警惕为自己的行为所做的辩护,那些振振有词的道理也许只是一个自欺的烟幕弹。

王强是一名大三的学生,新学期刚开始,他就嚷嚷着自己要考研,甚至放话说他觉得全班最有能力考研的就是他和张杨。张杨是王强的同班同学,他俩也是好哥们,张杨的成绩一直在班上名列前茅,也在准备考研。听到王强要考研,张杨和王强约定一起努力,争取考个好学校。

前几天,王强花钱报了一个政治考研辅导班,但上了2次课之后就不去了。问他原因,他说上课的人太多,严重影响上课质量,然后觉得这样的辅导班对他也没什么用处,就果断放弃了。

后来,就看到他开始天天玩电脑打游戏,书也扔在一边再也不看了。问他,他说他父母不希望他考研,所以他也就不考了,并且说就算考上了,到时候毕业还不是一样面临失业,现在研究生太多,不差他一个,还不如毕业后早点去工作,积累工作经验,说不定前途会更加光明。并且,如果将来觉得学历需要进一步提升,那个时候再考也不迟。

而同寝室的张杨,自开学以来,就一头扎进考研书本里,各门课程的复习都井井有条,进展顺利。并且张杨很善于调节自己的考研学习和生活,学习之余,一有时间就到操场上去跑步、打球,强健身体。

看到同寝室的王强的状态,张杨决定跟他好好谈一谈。晚上,张杨约了王强在学校操场上散步,张杨从他们的专业谈起,谈到国内本科生的就业形势,谈到专业发展前景,谈到现在考研的优势和将来有需要再考研的劣势,然后他鼓励王强,说王强其实人很聪明,想考肯定能考得上,就是缺乏坐得住的决心,但这一点也是完全可以克服的,只要王强能跟着自己坚持一到两个星期,后面就能坚持下来了。

听着张杨苦口婆心的劝说,王强觉得十分惭愧,下定决心跟着张杨继续考研。

后来,两人同时被心仪的大学录取。拿到录取通知单的那天晚上,王强激动地抱住了张杨,感谢张杨将自己从自欺欺人的泥沼中拉了出来,让自己直面现实,从而拉开了成功的序幕。

自欺欺人是成功的大敌,一切导致我们失败的品质都能在它那里得到庇护。要想抵达成功的彼岸,我们要做的第一件事就是搬掉这块盘踞在我们心中的顽石。

3. 认识真实的"我"

如果一个人对自己缺乏正确的认识,就会经常作出错误的判断,一次次陷入失败的泥潭;而一个人的成功,往往就是从发现真实的"我"开始的。

《庄子》里有一个寓言故事,说西施有心痛的毛病,犯病时总是眉头微皱,用手捂着心口。即使这样,人们还是觉得她很美,美其名曰"西子捧心"。同村的一个丑姑娘也觉得这个姿势不错,学着西施的样子,逢人就捂着胸口,皱眉做痛苦状。没想到村里人见了这副怪模样,全都吓得落荒而逃。

丑姑娘的荒唐在于对自己缺乏正确的认识,偏要在自己的缺点上做文章,结果反而吸引了别人去注意她的短处,人为地夸大了自己的丑。

再举一个相反的例子。加州大学艺术博士、华人女画家黄美廉,从小就患了脑性麻痹症,这种病使她无法保持肢体的平衡,也无法正常发声说话,所以她向你走过来时,就像一具残破的木偶,四肢不规则地舞动着,脖子伸得老长,嘴张得老大,身体东倒西歪,仿佛随时都会倒下,让你为她提心吊胆。她基本上说不出一个完整的句子,但她的听觉特别敏锐,当你猜中她的意思时,她会伸出指头指着你,快活地大叫一声,然后送给你一张用她的画制作的明信片。

从小到大,黄美廉都生活在病痛中,同时也生活在别人异样的目光中。但身体的残疾无法阻止她心灵的奋斗,她以惊人的毅力获得了加州大学艺术博士学位。她的身体毫无美感,但她用自己的作品展示了内心的美丽。

有一次,黄美廉对一群学生演讲,一个冒失的学生问她:"你从小就是这么一副模样,你怎么看自己?难道你心里没有一点怨恨吗?"

话音一落,全场顿时一片静默,所有的人都紧张起来,这个学生太冒失了,当着这么多人的面问出这么敏感的问题来,所有的人都担心黄美廉承受不了。

"我怎么看自己?"黄美廉用粉笔在黑板上奋力写下这个问题,然后转过身,歪着头看着那个学生。就在众人以为她要发火的时候,她笑了,笑得很灿烂。她在黑板上写下她的回答:

我很可爱!

我的腿修长、漂亮!

我的父母很爱我!

上帝很爱我!

我会画画,还能写作!

我有一只可爱的猫!

……

教室里沉默依旧,人们的呼吸都变得轻柔了。黄美廉转过身看着大家,最后在黑板上写道:"我只看我拥有的,不看我没有的。"

台下响起了暴风雨般的掌声,黄美廉歪斜着身子站在台前,脸上又绽开了笑容,笑得那么开心,眼睛眯成了一条缝。这时候,没有人再觉得她是一个丑八怪,每个人都感觉到了她那从内到外散发出来的美。

有的人能够承认自己貌不如人,这固然不失为一种坦诚,但他们成天为自己的相貌悲叹,根本无心去发现自己特有的美,因此,还不能算发现了真"我"。身体残疾的黄美廉,尚能发现自己的腿长得美,并以此自豪,那些相貌平凡的健康人还有什么好忧虑的呢?我们不仅需要直面现实的坦然与真诚,更需要黄美廉那种豁达和乐观。我们不妨先承认自己的缺憾,然后像黄美廉那样"只看我拥有的,不看我没有的"。

通过对自己的身体、心理、能力等的客观分析和评价,我们将发现一个真实的"我"。这个"我"不会为自己身体的缺陷而感到懊恼和自卑,也不会因为有一个漂亮健康的身体而得意忘形;不会因为盲目自信而遭受不必要的失败,也不会因为不自信而裹足不前;既能看到自己能力上的缺陷,又能扬长避短,最大限度地发挥自己的能力。

如果你对自己的认识与你的实际情况差距过大,你就会对形势作出错误的判断,失败也就不可避免了。我们今天的生活状况,我们的前程,在很大程度上取决于我们是否发现了那个真实的"我"。因为只有了解了自身的实际情况,才可能以一个恰当的姿态出现在社会上,并对外界的变化作出恰当的反应。

4. 发现了不起的自己

(1)人人都有巨大的潜力

我们每个人在幼年时都曾对未来有过美好的向往,但是随着年龄的增长,我们幼时的热情一次次被现实的冷水扑灭。终于地,我们看到了现实与理想之间那可怕的距离,学会了用世俗的道理来说服自己安于现状。渐渐地,美好的梦想在我们脑海中越来越模糊,直到它被庸碌的生活完全淹没。

我们说服自己放弃梦想最有力的一条理由就是"我的能力有限",既然能力有限,困难超出了我们的能力范围,焉有不失败之理。一个人的能力是有限的,这固然是个真理,但并不能成为我们退却的理由,因为困难是否已经超出了我们的能力范围,很大程度上取决于我们对自己能力的认识。事实上,很多在困难面前选择退却的人,并不是真的能力不够,而是没有认识到自己的能力有多大,或者说,他不知道自己身上潜伏着巨大的能量。美国学者詹姆斯认为,普通人终其一生,最多只发展了自己10%的潜能,那只是我们身心资源的一小部分。

这里所说的潜能主要是指心理能量和大脑的潜力。潜能也包括身体潜能,由于人类生产方式的进步,体能在人的能力构成中所占的比例越来越小,已逐渐退居次要位置。人类发展至今,我们的体能并没有明显优于我们的远祖,在某些方面,如攀爬、对环境的适应能力等甚至不如我们的祖先,可见人类身体潜能可开发的余地是非常有限的。人类之所以能从生物界脱颖而出,主要是因为发展了大脑和心理的潜能。现在和将来,我们在激烈的社会竞争中所凭仗的仍将是心理与大脑的能力。人的潜能主要表现在以下几个方面:

一是神奇的精神力量。说到人的精神力量,很多人持怀疑态度,他们以为所谓精神力量不过是一种心理暗示,并不能直接导致事物的变化。但是科学研究的大量事实表明,精神因素能直接影响神经系统。人的行为、脑电波、心率、血压、消化功能等,无不受到精神的控制和影响。很多癌症患者在被确诊之前,身体状况还不错,而一旦得知自己患了癌症,一两年就会病逝。癌症患者过早病逝当然有许多原因,但精神支柱的崩溃无疑是一个重要的原因。

二是浩瀚的大脑。人类大脑的储存量极大,每秒能够接受10多个信息。信息的单位叫比特,一个信息也就是一个比特。据科学家保守估计,正常人的脑容量有100万亿比特。我们可以换一种形象的说法:100万亿比特的信息要比全世界所有图书馆的藏书内容还要多。除此之外，人类还有潜意识，有许多难以用语言表达的微妙感受和印象。事实上，一个普通人所能表达出的内容只是其脑海中信息的极少部分，即便是智力超群的爱因斯坦，也最多使用了其大脑的30%的功能，而普通人连10%都没用到，绝大部分脑细胞就像失业者一样，无所事事。

大脑有着海洋般浩瀚的潜能，虽然一个人终其一生也只能利用其中一小部分，但这意味着我们解决问题、克服困难的可能性远比我们原来想象的大。当我们在遇到困难打算退缩的时候，不妨自问："我真的无能为力了吗？换个角度去思考会怎么样？是否还有其他的办法？"

三是强大的综合感觉功能。人的感觉功能就各个单项而言，在生物界并不突出，如人的嗅觉和听觉不如狗、猫等许多动物，远视能力不如鹰，夜视能力不如许多夜行动物。但是，人的综合感觉功能是生物界的佼佼者。人类对色彩、明暗、体积、形状、距离、质感等的感觉十分准确，另外，人类还能敏锐地感觉到各种非语言的暗示，领会各种微妙的身体语言。

(2) 寻找自己的舞台

许多人虽然认识到自身具有巨大的潜力，却无法将它发挥出来，原因就是没有找到施展才华的舞台。由于先天禀赋和成长环境的不同，每个人的性格各不相同，能力上也各有所长，因此我们不仅要认清自身的潜力，还要找到一个适合的用武之地，以使自己的才干得到更好的发挥。

汉高祖刘邦和韩信曾经有过一段有趣的交谈。刘邦问韩信："都说你是伟大的军事家，那你看看我可以带多少兵啊？"

韩信虽然兵书读了不少，但是不善于揣摩领导的心思，不会用发展观看问题，直白地回答说："我看您带兵不能超过十万。"刘邦颇为不快，又问："那你可以带多少兵呢？"韩信豪气冲天："多多益善！"刘邦嘲笑道："那为何我当了皇帝，你只能当个将军呢？"韩信沉默良久，一语道破："我善于带兵，而你善于带将。"

刘邦和韩信，都找对了自己的位置。如果把两个人的位置颠倒过来，项羽估计是要笑得飞起来了。

一个位置，就是一个舞台。如何确定适合自己的角色，演好自己的戏份，这并不是人人都清楚。生活中太多的人，最困难的事情就是对于自身的定位。本来龙套也有龙套的精彩，却一定要做配角，甚至是主角，根据功利的需要和不切实际的臆断来确定人生的走向。比如我们听得最多的一句话就是：领导谁都可以做。当然，位置谁都坐得上，但是能不能坐得稳，是不是做得好，这是个问题。每个人的潜质和能力都不尽相同，找准属于自己的舞台，发挥自己的光和热，在社会上留下自己微不足道的业绩，这才是最主要的。站得更高，未必看得更远，还有可能摔得更惨；舞台虽小，未必撑不起大场面，还有可能上演一场绝妙的独舞。从这个意义上说，人生最重要的任务就是寻找到属于自己的舞台。

### 知识拓展

**努力喜欢现实中的自己**

一位挑夫有两只水桶，分别挂在扁担的两头。其中一只桶上有一条小小的裂痕，另一只则是完好无损。每次长途的挑担之后，完好无损的那只桶，总是能将满满一桶水从溪边送到主人家中，而有裂痕的那只桶到达时，却只剩下了半桶水。

每一天，挑夫就这样挑一桶半的水到主人家，当然，那只好桶觉得十分自豪，而破桶呢？对于自己的缺陷常常闷闷不乐，非常羞愧，它为只能负起一半的责任而感到非常难过。

在饱尝了两年失败的苦楚之后，破桶终于忍不住了。它对挑夫说："我很惭愧，必须向你道歉。"

"为什么呢？"挑夫问道："你为什么觉得惭愧？"

"过去两年中，我感到非常过意不去。每天你打的水都要从我身上漏掉一半，害得你要多跑好几趟。由于我的缺陷，使你干了全部的活儿，却只能有一半的收获。你不如换一个新桶，把我扔掉吧。"破桶说。

可是挑夫却说："我们在回主人家的路上时，我希望你留意一下走过的小路旁盛开的花朵。"他们走在回家的山坡上时，破桶眼前一亮，它看到缤纷的花朵，盛开路的一旁，沐浴在温暖的阳光下，这景象使它开心极了！

挑夫告诉这只破桶，他特地在路旁撒下花种，这样，有裂缝的水桶反而成了最方便也最有效的灌溉工具！

但是，走到小路的尽头，破木桶又难受了，因为一半的水又在路上漏掉了！

挑夫温和地说："你有没有注意到小路两旁，只有你那一边有花，好桶的那一边却没有开花呢？我明白你有缺陷，因此我善加利用，在你那边的路旁撒了花种，每回我从溪边回来，你就替我一路浇了花！两年来，这些美丽的花朵装饰了主人的餐桌。如果你不是这个样子，主人的餐桌上也没有这么好看的花朵了！"

破桶听了，心里涌起一股热浪，原来自己并不是无用的，虽然自己每天都害得挑夫事倍功半，但同时浇灌了路旁的花朵，给这个世界带来了美丽的风景。

"人无完人，金无足赤"，缺陷，在我们的生活中无处不在，完美，只是相对的。每个人都有自己的不可回避的缺陷，但，只要我们坦然正确地对待缺陷，也是一种美。

太多的人总在追求圆满，缺陷便成了遗憾。其实，我们要善于挖掘缺陷所蕴藏的潜能，我们应当明白自身的潜能，理解自身的缺陷；然后，要学会欣赏自己的缺陷，不断自我发现，不断自我挖掘；最后，挖掘出缺陷的潜能，把它释放出来，持之以恒，用缺陷带来的潜能完美自己的人生。知千里马者须伯乐，我们要学会做自己的伯乐。

## 第二节　自我认识实训项目

自我认识，又称自我觉知，是指一种情绪刚露头时就辨识出来的能力，它是情商的基础。善于了解自己情绪的人，大多善于将自己的情绪调整到一个最佳状态，调节或顺应他人的情绪基调，轻而易举地将他人的情绪纳入自己的主航道。要做到真正认识自己，客观而中肯地评价自己，常常比正确地认识和评价他人更为困难。

"情商之父"丹尼尔·戈尔曼将自我认识从情绪的自我觉知扩展到准确的自我评定和自信心，将自我认识定义为"了解一个人的内在状态、喜好、资源和直觉"，这个定义将"自我"上升到一个更大的范围，比如明白我们的优势和局限，了解自己的优点和缺点。

在准确认识自己的基础上，通过自察自省，做到既不狂妄自大也不妄自菲薄，不断地自我改变和自我突破，同时也懂得自我接纳，知道什么可改什么不可改、什么值得改什么不值得改、什么必须改什么不必改，知道要把自己推向哪个方向、改到哪个程度、挑战到哪个极限、哪里是进和退／收和放的边界，把握好自我改变和自我接纳之间的平衡，这才是大智慧，是自我认知的最高境界。

自我认识能力的训练,从情绪的自我觉知开始,当你开始观察和注意自己内心的情绪体验时,一个有积极作用的改变正悄然发生,这就是情商的作用。然后在情绪自我觉知的基础上,逐渐上升到对自我的准确评价和自信心的培养。自我认识能力的训练可以通过多种方式和形式进行,如一些情景模拟游戏、情商测试题等都可以用于情绪的自我觉知和认识自我。

## 自我认识实训一

### 情商小测试:测测你的气质类型

气质是个人相对稳定的心理动力特征,它使人的日常生活带有一定的色彩,形成一定的风貌,同时,它也是职业选择的依据之一,也是人才测评的一个重要内容。目前比较通用的是采用陈会昌气质量表来测量一个人的气质类型。

陈会昌气质量表,又称"陈会昌六十气质量表"。该量表是由山西省教科院陈会昌等编制,共60题,每种气质类型15题,测量出4种气质类型:胆汁质、多血质、黏液质和抑郁质。该量表为自陈形式,计分采取数字等级制,即对下面的每一题,你认为非常符合自己情况的计"+2"分,比较符合的计"+1"分,拿不准的计"0"分,比较不符合的计"-1"分,完全不符合的计"-2"分。

**一、测试内容**

1. 做事力求稳妥,不做无把握的事。
2. 遇到可气的事就怒不可遏,想把心里话全说出来才痛快。
3. 宁肯一个人干事,不愿很多人在一起。
4. 到一个新环境很快就能适应。
5. 厌恶那些强烈的刺激,如尖叫、噪声、危险的镜头等。
6. 和人争吵时,总是先发制人,喜欢挑衅。
7. 喜欢安静的环境。
8. 喜欢和人交往。
9. 羡慕那种能克制自己感情的人。
10. 生活有规律,很少违反作息制度。
11. 在多数情况下情绪是乐观的。
12. 碰到陌生人觉得很拘束。
13. 遇到令人气愤的事,能很好地自我克制。
14. 做事总是有旺盛的精力。
15. 遇到问题常常举棋不定,优柔寡断。
16. 在人群中从不觉得过分拘束。
17. 情绪高昂时,觉得干什么都有趣。
18. 当注意力集中于一件事时,别的事很难使我分心。
19. 理解问题总比别人快。
20. 碰到危险情境,常有一种极度恐怖感。
21. 对学习、工作、事业怀有很高的热情。

22. 能够长时间做枯燥、单调的工作。
23. 符合兴趣的事情,干起来劲头十足,否则就不想干。
24. 一点小事就能引起情绪波动。
25. 讨厌做那种需要耐心、细致的工作。
26. 与人交往不卑不亢。
27. 喜欢参加热烈的活动。
28. 爱看感情细腻、描写人物内心活动的文学作品。
29. 工作、学习时间长了,常感到厌倦。
30. 不喜欢长时间谈论一个问题,愿意实际动手干。
31. 宁愿侃侃而谈,不愿窃窃私语。
32. 别人说我总是闷闷不乐。
33. 疲倦时只要短暂休息就能精神抖擞,重新投入工作。
34. 理解问题常比别人慢些。
35. 心里有话宁愿自己想,不愿说出来。
36. 认准一个目标就希望尽快实现,不达目的,誓不罢休。
37. 学习、工作同样一段时间后,常比别人更疲倦。
38. 做事有些莽撞,常常不考虑后果。
39. 老师或师傅讲授新知识、技术时,总希望他讲慢些,多重复几遍。
40. 能够很快地忘记那些不愉快的事情。
41. 做作业或完成一件工作总比别人花的时间多。
42. 喜欢运动量大的剧烈体育活动,或参加各种文娱活动。
43. 不能很快地把注意力从一件事转移到另一件事上去。
44. 接受一个任务后,希望把它迅速完成。
45. 认为墨守成规比冒风险强些。
46. 能够同时注意几件事物。
47. 当我烦闷的时候,别人很难使我高兴起来。
48. 爱看情节起伏跌宕、激动人心的小说。
49. 对工作抱认真严谨、始终一贯的态度。
50. 和周围人的关系总是相处不好。
51. 喜欢复习学过的知识,重复做已经掌握的工作。
52. 喜欢做变化大、花样多的工作。
53. 小时候会背的诗歌,我似乎比别人记得清楚。
54. 别人说我"出语伤人",可我并不觉得这样。
55. 在体育活动中,常因反应慢而落后。
56. 反应敏捷,头脑机智。
57. 喜欢有条理而不甚麻烦的工作。
58. 兴奋的事常使我失眠。
59. 老师讲新概念,常常听不懂,但是弄懂以后就很难忘记。
60. 假如工作枯燥无味,马上就会情绪低落。

## 二、计分表

| 题号 | 1 | 2 | 3 | 4 | 5 | 6 | 7 | 8 | 9 | 10 | 11 | 12 | 13 | 14 | 15 |
|---|---|---|---|---|---|---|---|---|---|---|---|---|---|---|---|
| 得分 | | | | | | | | | | | | | | | |
| 题号 | 16 | 17 | 18 | 19 | 20 | 21 | 22 | 23 | 24 | 25 | 26 | 27 | 28 | 29 | 30 |
| 得分 | | | | | | | | | | | | | | | |
| 题号 | 31 | 32 | 33 | 34 | 35 | 36 | 37 | 38 | 39 | 40 | 41 | 42 | 43 | 44 | 45 |
| 得分 | | | | | | | | | | | | | | | |
| 题号 | 46 | 47 | 48 | 49 | 50 | 51 | 52 | 53 | 54 | 55 | 56 | 57 | 58 | 59 | 60 |
| 得分 | | | | | | | | | | | | | | | |

### 三、结果对照

胆汁质,包括 2、6、9、14、17、21、27、31、36、38、42、48、50、54、58 各题;
多血质,包括 4、8、11、16、19、23、25、29、34、40、44、46、52、56、60 各题;
黏液质,包括 1、7、10、13、18、22、26、30、33、39、43、45、49、55、57 各题;
抑郁质,包括 3、5、12、15、20、24、28、32、35、37、41、47、51、53、59 各题。

分别把属于每一种类型的题的分数相加,得出的和即为该类型的得分。最后的评分标准是:如果某种气质得分明显高出其他三种(均高出 4 分以上),则可定为该种气质;如两种气质得分接近(差异低于 3 分)而又明显高于其他两种(高出 4 分以上),则可定为两种气质的混合型;如果三种气质均高于第四种的得分且相接近,则为三种气质的混合型。由此可能具有 13 种气质类型:

(1)胆汁;
(2)多血;
(3)黏液;
(4)抑郁;
(5)胆汁—多血;
(6)多血—黏液;
(7)黏液—抑郁;
(8)胆汁—抑郁;
(9)胆汁—多血—黏液;
(10)多血—黏液—抑郁;
(11)胆汁—多血—抑郁;
(12)胆汁—黏液—抑郁;
(13)胆汁—多血—黏液—抑郁。

### 四、各气质类型的表现

构成气质类型的心理特征有:感受性、耐受性、不随意反应性、反应的敏捷性与灵活性、可塑性与稳定性、内外向性、情绪兴奋性、情绪和行为特征。目前,心理学家们普遍认为,在通常情况下,人的气质类型可分为胆汁质、多血质、黏液质和抑郁质四种。一般说来,具有某种典型的气质特征的人是很少的,三种气质的混合型也很少,多数人是近似其中某一类型或者是两种类型的混合气质。心理学界对这四种气质是这样解释的:

胆汁质：神经活动强而不均衡型。这种气质的人兴奋性很高，脾气暴躁，性情直率，精力旺盛，能以很高的热情埋头事业，兴奋时，决心克服一切困难，精力耗尽时，情绪又一落千丈。

多血质：神经活动强而均衡的灵活型。这种气质的人热情、有能力，适应性强，喜欢交际，精神愉快，机智灵活，注意力易转移，情绪易改变，办事重兴趣，富于幻想，不愿做耐心细致的工作。

黏液质：神经活动强而均衡的安静型。这种气质的人平静，善于克制忍让，生活有规律，不为无关事情分心，埋头苦干，有耐久力，态度持重，不卑不亢，不爱空谈，严肃认真；但不够灵活，注意力不易转移，因循守旧，对事业缺乏热情。

抑郁质：神经活动弱型，兴奋和抑郁过程都弱。这种气质的人沉静、深沉，易相处，人缘好，办事稳妥可靠，做事坚定，能克服困难；但比较敏感，易受挫折，孤僻、寡断，疲劳不容易恢复，反应缓慢，不图进取。

气质在人的实践活动中不起决定作用，但有一定的影响。主要表现在，它可能影响活动的效率。例如，要求作出迅速灵活反应的工作，具有多血质和胆汁质的人比较合适，而具有黏液质和抑郁质的人则较难胜任；反之，要求持久细致的工作，具有黏液质、抑郁质的人较为合适，而具有多血质、胆汁质的人又较难适应。显然，为了提高工作效率，对不同职位和岗位的员工的气质特性就要提出特定的要求，有些特殊工种还有其特殊要求，否则是难以适应和胜任的。

人的气质虽然并不是绝对的、泾渭分明的，也没有什么好坏之分，但是对于个人气质的认识，可以帮助人们对自己有一个相对科学的认知。一个人只有了解了自己，才可以发挥自己气质中积极的一面，克服其消极的一面，从而使自己在工作中扬长避短，更加适应激烈竞争的社会环境。

## 自我认识实训二

### 情商小测试：你是个情绪稳定的人吗？

情绪稳定一般被看作是一个人心理成熟的重要标志。所谓情绪稳定，主要是指一个人能积极地调节、控制自己的情绪，在短时间内没有大起大落的变化，不会时而心花怒放，转瞬又愁眉苦脸。当然，一个人的情绪与他先天的气质类型有关系。一般说来，黏液质的人情绪生来比较稳定，而胆汁质的人情绪生来不太稳定。

你是情绪稳定的人吗？如果希望知道结果，不妨完成下面的题目。请将中意答案的标号填在每题后的括号中。

1. 我有能力克服各种困难。（　　）
   A. 是的　　　　　　　　B. 不一定　　　　　　　　C. 不是的
2. 猛兽即使是关在铁笼里，我见了也会惴惴不安。（　　）
   A. 是的　　　　　　　　B. 不一定　　　　　　　　C. 不是的
3. 如果我能到一个新环境，我要（　　）。
   A. 把生活安排得和从前不一样　　B. 不确定　　　　　　　　C. 和从前相仿
4. 整个一生中，我一直觉得我能达到所预期的目标。（　　）
   A. 是的　　　　　　　　B. 不一定　　　　　　　　C. 不是的
5. 我在小学时敬佩的老师，到现在仍能令我敬佩。（　　）

A. 是的　　　　　　　　　　B. 不一定　　　　　　　　　　C. 不是的

6. 不知为什么,有些人总是回避我或冷淡我。(　　)

A. 是的　　　　　　　　　　B. 不一定　　　　　　　　　　C. 不是的

7. 我虽善意待人,却常常得不到好报。(　　)

A. 是的　　　　　　　　　　B. 不一定　　　　　　　　　　C. 不是的

8. 在大街上,我常常避开我所不愿意打招呼的人。(　　)

A. 极少如此　　　　　　　　B. 偶然如此　　　　　　　　　C. 有时如此

9. 当我聚精会神地欣赏音乐时,如果有人在旁高谈阔论,(　　)。

A. 我仍能专心听音乐　　　　B. 介于A、C之间　　　　　　 C. 不能专心并感到恼怒

10. 我不论到什么地方,都能清楚地辨别方向。(　　)

A. 是的　　　　　　　　　　B. 不一定　　　　　　　　　　C. 不是的

11. 我热爱所学专业和所从事的工作。(　　)

A. 是的　　　　　　　　　　B. 不一定　　　　　　　　　　C. 不是的

12. 生动的梦境,常常干扰我的睡眠。(　　)

A. 经常如此　　　　　　　　B. 偶然如此　　　　　　　　　C. 从不如此

13. 季节气候的变化一般不影响我的情绪。(　　)

A. 是的　　　　　　　　　　B. 介于A、C之间　　　　　　　C. 不是的

【计分方法】

根据计分表,查明你每题的得分,并求出总分。

【计分表】

| 得分<br>题号 | A | B | C |
| --- | --- | --- | --- |
| 1 | 2 | 1 | 0 |
| 2 | 0 | 1 | 2 |
| 3 | 0 | 1 | 2 |
| 4 | 2 | 1 | 0 |
| 5 | 2 | 1 | 0 |
| 6 | 0 | 1 | 2 |
| 7 | 0 | 1 | 2 |
| 8 | 2 | 1 | 0 |
| 9 | 2 | 1 | 0 |
| 10 | 2 | 1 | 0 |
| 11 | 2 | 1 | 0 |
| 12 | 0 | 1 | 2 |
| 13 | 2 | 1 | 0 |

【结论与忠告】

(1) 得分 17~26 分：情绪稳定。

你的情绪稳定,性格成熟,能面对现实。通常能以沉着的态度应付现实中出现的各种问题。行动充满魅力,能振作勇气,有维护团结的精神。有时,也可能由于不能彻底解决生活的一些难题而强自宽解。

(2) 得分 13~16 分：情绪基本稳定。

你的情绪有变化,但不大,能沉着应付现实中出现的一般性问题。然而在大事面前,有时会急躁不安,不免受环境支配。

(3) 得分 0~12 分：情绪激动。

你的情绪激动,容易产生烦恼。通常不容易应付生活中遇到的各种阻挠和挫折。容易受环境支配而心神动摇。不能面对现实,就会常常急躁不安、身心疲乏,甚至失眠等。要注意控制和调节自己的心境,使自己的情绪保持稳定。

## 自我认识实训三

**情景模拟游戏：行为情绪**

情绪包含着许许多多的感觉,人们表达这些不同的情绪的方式也是因人而异的。有些人比较活泼,很容易就给别人讲出自己的感受,而有的人就比较安静,有所保留,喜欢让别人去猜测他们的想法。对于活泼型的人们,这个活动就非常容易,但是对于那些比较保守的人,就需要做一些努力,克服一些困难来超越自己,获得成长,学到知识。

【游戏目标】 展示你表达各种情绪并且能够看出别人表现出的情绪的能力。

【适宜人群】 对表达自己的情绪感到困难的人,以及对辨认出别人的情绪并做出适当反应感到困难的人们。

【成员数目】 4 人或 4 人以上。

【材料】 钢笔或铅笔、纸。

【游戏情景介绍】

把大家分成若干个 2~6 人的小组。给每个组一个情绪的列表(至少能够分到每人一种),以及一张写有地址的纸。例如,一个组可能会得到：快乐、沮丧、嫉妒、惊吓,并且地址是一个保龄球馆。

给各组至少 5 分钟的时间聚在一起看分给他们的列表,并且让他们设计一个幽默短剧,每个短剧都必须包括所有列表上列出的情绪,这些情绪都要被表演出来,而且这个短剧要在给定的虚拟地址演出。另外,每个人在剧里都要扮演一个角色,然后把各组召集起来,留时间让各组展示自己的短剧。在每个短剧的最后,观看的人要猜测其中每个人表演的是什么情绪。

【讨论提示】

1. 对你来说表现自己的情绪有困难吗？为什么？
2. 是否所有人都希望周围的人们能多多少少地表现出自己的感受？为什么？
3. 为什么让别人知道你的感受很重要？
4. 有没有一些时间对你来说隐藏自己的感受更合适？为什么？
5. 为了让别人了解你的感受(如果他们无法从你的肢体语言中看出来),你能做什么？

附件：情感词语列表

可以用这些词来回答"你感觉如何？"这样的问题。

| | | | |
|---|---|---|---|
| 默认 | 气馁 | 无关紧要 | 宁静 |
| 喜爱 | 厌恶 | 灵感 | 拘谨 |
| 积极 | 沮丧 | 感兴趣 | 反抗 |
| 惊恐 | 惊慌 | 偏狭 | 荒谬 |
| 惊奇 | 冷静 | 恼怒 | 正义 |
| 愉快 | 无礼 | 妒忌 | 浪漫 |
| 生气 | 怀疑 | 欢欣 | 忧愁 |
| 憎恶 | 温顺 | 和蔼 | 满意 |
| 苦恼 | 热心 | 懒散 | 敏感 |
| 担忧 | 真挚 | 心情愉快 | 平静 |
| 无动于衷 | 兴高采烈 | 钟情 | 羞耻 |
| 理解 | 享乐 | 谦恭 | 震惊 |
| 热情洋溢 | 热情 | 忧郁 | 害羞 |
| 敬畏 | 羡慕 | 紧张 | 真诚 |
| 亲切 | 兴奋 | 服从 | 自鸣得意 |
| 迷惑 | 期待 | 乐观 | 怀恨 |
| 痛苦 | 公正 | 充满热情 | 激励 |
| 幸福 | 忠实 | 被动 | 坚忍 |
| 无聊 | 入迷 | 悲惨 | 紧迫 |
| 勇敢 | 可怕 | 忍耐 | 顽固 |
| 同情 | 有力 | 平静 | 阴郁 |
| 谨慎 | 宽大 | 悲观 | 诧异 |
| 高兴 | 易怒 | 哲理 | 可疑 |
| 有能力的 | 疯狂 | 同情 | 赞成 |
| 竞争的 | 友好 | 舒适愉快 | 紧张 |
| 自信 | 轻佻 | 高兴满足 | 容忍 |
| 轻蔑 | 狂怒 | 理想化 | 安静 |
| 安心 | 温和 | 华而不实 | 成功 |
| 镇定 | 感激 | 骄傲 | 信任 |
| 兴奋 | 贪婪 | 煽动的 | 不关注 |
| 胆小 | 欢乐 | 欢天喜地 | 不确定 |
| 乖戾 | 仇恨 | 不计后果 | 理解 |
| 好奇 | 希望 | 后悔 | 不公平 |
| 失败 | 无望 | 放心 | 刻薄 |
| 防备 | 敌对 | 为难 | 不高兴 |
| 灰心 | 卑下 | 懊悔 | 不担心 |
| 欣喜 | 幽默 | 排斥 | 心烦 |
| 消沉 | 异常兴奋 | 愤慨 | 空虚 |

| | | | |
|---|---|---|---|
| 投入 | 冷漠 | 开朗 | 热烈 |
| 失望 | 急躁 | 尊敬 | 多情 |
| 不满 | 冲动 | 反应 | 担心 |

### 知识拓展

## 关于心智模式

赵勇来自北方,方岩来自南方,两个人进入大学后被安排在同一个寝室。赵勇在生活上大大咧咧、不拘小节,方岩则特别爱干净,一起生活没几天,两人就发生了口角。之后,方岩开始讨厌赵勇,哪怕对方嘴里发出一点声音,他也会觉得很刺耳。赵勇也不喜欢方岩,觉得他太小气,没有男人气概。

就这样磕磕绊绊过了一个多学期,然而有一天事情发生了变化。这天晚上,方岩和几个同学一起去校外吃饭,中途方岩感觉腹部疼痛就回到寝室休息。寝室里只有赵勇在,起初他对方岩的痛苦表情不以为然,后来就发现不对了,方岩疼得满头大汗,又吐又叫。赵勇也来不及多想了,背着方岩就上了医院,一查是盲肠炎。在手术和以后住院的日子里,赵勇和寝室的同学轮流到医院照顾方岩,再以后,方岩和赵勇成了好朋友。

怎么会发生这样的情况呢？这里我们就要谈到心智模式。

所谓心智模式,就是指人们的思想方法、思维习惯和心理素质的综合反映。心智模式不是与生俱来的,它是人们从小到大各种经验的积累,并据此经过推论而得出不同的假设。心智模式根植于每个人脑海中,无法用"好"或"坏"来评判,我们只能说每个人的心智模式都有缺陷。

我们也可以把心智模式理解为一种思维定式。当我们的心智模式与认知事物发展的情况相符时,便能有效地指导行动；反之,当我们的心智模式与认知事物发展的情况不相符时,就会使自己的主观构想无法实现。所以,我们要不断改善自己的心智模式,更好地完成我们的学习和工作任务。

改善心智模式意味着我们要否定或抛弃旧有的心智模式,建立对自己来说是不习惯的心智模式,同时也意味着改变我们心目中对周围世界运作的既有认知,这就首先要求我们认清自己的心智模式。心智模式测试的主题可以归纳如下：

1. 责任感测试

当代大学生基本上都是独生子女,责任感的缺失成为一种普遍现象：我行我素,不顾及别人的想法、感受；遇到困难爱找借口,推卸责任；缺少付出,希望多得到……

2. 积极的心态测试

"人不会放过任何一次可以偷懒的机会",这句话可能有些极端,却是一句很好的警世良言。无论任何组织,都需要其成员有积极的心态。

3. 接纳他人能力测试

有句话说：如果你想管理多少人,那么你一定要容得下多少人。接纳他人也是每位大学生的一个基本功。

4. 心理调节能力测试

从高中到大学,从一个环境到另一个环境,人们总有一个从不适应到适应的过程。谁的调节能力好,谁就有更多的机会学习、锻炼、提高。

5. 乐观度测试

如果你拥有乐观的心态,多看到好的一面,失望和困难都将在你面前望而却步。

6. 心理适应度测试

这是一个瞬息万变的社会,发展与变化成为时代的主题,这就要求当代大学生要有快速适应周围环境及其变化的能力。

7. 热情指数测试

一个人要充满热情,这样才能在校园里被更多的人接受。

8. 自控能力测试

有人说,21世纪人类的成功将取决于情商。自我控制是情商的一部分,作为一个大学生,我们要懂得命运掌握在自己手里,善于控制自己,才能真正掌握自己的命运。

9. 处理冲突能力测试

事情做得越多,发生冲突的可能性也就越多。当今大学生也会面对各种各样的分歧、冲突,采取合理的方式积极应对是一种最好的选择。

## 自我认识实训四

### 情商实验:认识不良情绪

【实验目的】 分析引起不当行为的情绪。

【实验人数】 不限。

【实验时间】 35~50分钟。

【实验场地】 室内(需要一块空地,有无桌椅都可以)。

【实验材料】 活页挂图和记号笔;钢笔。

【实验步骤】

1. 向学生分发"认识不良情绪"材料和钢笔。("认识不良情绪"材料见附件)

2. 要求学生回想一个重要情景(要求尽可能距离现在的时间很近),他们对自己的行为方式感到懊悔。然后要求他们简要描述他们尤其对哪方面感到懊悔。

3. 要求他们在"认识不良情绪"材料的步骤2和步骤3中写出在上述情景中的感受,如恐惧、焦急、快乐、尴尬及产生此种感受的原因。

例如,他们受到公众侮辱。在材料步骤2和步骤3中完成:

"我感到_____,因为_____。"

例如:我感到很蠢,因为我提问的时候没有人主动回答。

4. 在材料步骤4和步骤5中,让学生写出他们是如何应对那些感受的。

5. 按照步骤6,要求学生写出,如果一切进展顺利,他们会有什么感受。

6. 让学生回想,并尽力推断周围人此刻的感受。其他人是否知道他们的感受?学生们依靠什么做定论?通过思考反思,他们是否认为自己对此情景做出了正确的评价?

7. 要求学生尽量客观地评价自己的决策,在活页挂图中记录他们的想法。他们是否觉得仿佛处于压力下?他们能否可以更好地控制冲动以助于情绪的自我觉察?怎么做?

8. 团队汇报总结。要求学生讨论他们通常最关注什么,而不是身体器官的暗示,将答案写在活页挂图上。例如,工作中的多数时间,我们关注智力的、象征性的、口头的问题。增强对身体内部状态的敏感度要求我们"转换头脑"、放慢速度、有意识地关注潜意识加工的感受输入。提问是否有人愿意和团队分享他们的顿悟,切勿强迫学生完成此项任务。

附件:"认识不良情绪"材料

1. 最近,你是否懊悔,自己在某种情景中本不该那么表现或反应,并进行情景描述。

2. 上述情景中,你有什么感受?

恐惧的

自卫的

焦虑的

快乐的

以积极的方式感到尴尬,例如,某人称赞你,对此你很高兴,觉得恰如其分,当之无愧

以消极的方式感到尴尬,例如,你当众受辱

其他

3. 为什么有此感受?

4. 你对步骤2中列举的感受如何反应?

完全摆脱了这个情景

留在这个情景中,但尽量引导人际交往朝不同的方向进行

留在这个情景中,假装意见一致

恶语伤人,身体冒犯

诽谤他人

尽量和他人坦诚交流

其他

5. 当出现你提到的那种感受时,你的身体做出如何反应?

双臂胸前合抱

咬紧牙关/咬紧牙根

出汗,包括嘴唇、眉毛、腋下、头皮、手掌心

抽搐

用脚敲地板

用手指敲打

胃痉挛

其他

6. 如果你注意到了步骤4中的反应或步骤5中的身体暗示,未来你将采取什么不同的表现方式?

此项实验成效:

(1)进一步掌控情绪的瞬息万变;

(2)了解情绪驱动行为的过程;

(3)识别情绪变化的暗示。

此实验中,先由学生对自己的行为方式感到懊悔的情景进行界定,确定什么是不适当行为,并回想在产生此种行为的时刻经历了什么样的心理变化。

# 自我认识实训五

## 情商实验：认识情绪波动

**【实验目的】** 证明情绪如何快速发生改变；证明看似无关紧要的事物如何影响情绪；此实验提供平静心情、重建情感基础的技巧。

**【实验人数】** 不限。

**【实验时间】** 25～40 分钟。

**【实验场地】** 室内（需要一块空地，有无桌椅都可以）。

**【实验材料】** 活页挂图和记号笔；刺耳、令人烦躁的吵闹音乐。

**【实验步骤】**

1. 与学生讨论情商（或选择其他的话题讨论）。

2. 几分钟后，打开吵闹的音乐。使音乐的音量足以让每个人听见，但不会过大。教师就像没有播放音乐一样，保持原态，不必根据音乐做出任何反应。

3. 如果有人要求停止播放音乐，平和地告诉他，音乐一会儿就停止。

4. 如果有人要求调低音量，假装照办，但实际上并不改变音量。

5. 在对情商讨论的总结中，向学生提问"认识情绪波动"材料上的 10 个问题。（此时切勿发放材料。"认识情绪波动"材料详见附件二。）

6. 组织学生做"环环相扣"活动，旨在增强自我觉知、降低紧张情绪。此项活动有助于重新构建情感中心，个体感到气愤、困惑或难过等情绪时颇为有效。（"环环相扣"活动详见附件一。）

7. 发放"认识情绪波动"材料，和学生一起评价材料最后的拓展训练活动。参与者承诺：严格按照这种方式进行并记录情绪波动，直到它成为自然习惯，发现自己能够自然而然地检查自己的情绪。

附件一：环环相扣

"环环相扣"这个动作连接着体内的电路，集中于注意力和紊乱能量。随着大脑和身体的放松，能量通过原处紧张状态而阻塞的区域得以循环。

要点一：坐在椅子上，左脚搭在右脚上。伸展双臂，左手腕与右手腕交叉。然后，交叉手指，双手向体内翻转。现在可以闭上眼睛，深呼吸，放松 1 分钟。可选项：吸气时，舌头平顶上牙膛；呼气时，舌头放松。

要点二：准备就绪后，双脚平放。十指指尖相互接触，继续深呼吸，保持 1 分钟。

附件二："认识情绪波动"材料

1. 最初构建关系时，你有什么感受？
2. 此刻你有什么感受？
3. 为什么有不同的感受？
4. 对音乐，你的情绪会有什么反应？它是否影响你的态度？
5. 这种变化是瞬间形成，还是需要几分钟的构建过程？
6. 音乐让你在与他人的积极互动中更开放还是更保守？

7. 播放音乐时,你对教师有什么感受?

8. 列举音乐对你的情绪和态度产生影响的所有方式。

9. 音乐关闭时,你有什么感觉?

10. 音乐关闭时,播放时所产生的消极情绪是否会随即消失了?

11. 思考人生的一种情景:你感到很好(或很糟糕),某件事或新信息突然让你的情绪发生巨大的变化。发生了什么变化?它对你与他人的人际交往程度产生了什么影响?

【拓展训练】

平时完成这项训练活动。

在特定的时刻,停下来,检查你的"情绪波动",记录实时发生的事情。

1. 确定白天和晚上进行"情绪波动"检查的具体时间。

2. 在笔记本、电子记事簿或约会记录本中定期记录你对下列问题的反应:

(1)你现在感觉怎么样?

(2)你什么时候开始有这种感觉的?

(3)你为什么有这种感觉?原因是什么?

此项实验成效:

第一,加深对情绪变幻莫测的特性的认识;

第二,深入理解次要事件如何影响情绪;

第三,深刻察觉改变的情绪如何影响人际交往;

第四,掌握重建情绪为核心的技巧。

此项实验中,教师将引进一种令人感到烦躁的刺激性影响力。这种影响力停止后,将向学生提问在关注"刺激干扰"期间情绪发生了何种变化。教师将带领学生进行平静的形象化过程。最后,要求学生思考整个体验过程,并联想如何在生活中管理情绪。

# 自我认识实训六

## 情商小测试:你是一个自信的人吗?

自信是一种十分可贵的品质,是一种永不言败的决心,一个人是不是有自信心来源于对自己能力的认识,相信自己有能力完成各种任务、应付各种事件、达到预定目标的人,必然是一个充满自信的人。

自信就是自己相信自己,指的是一个人对自身能力与特点的肯定。自信意味着对自己的"信任"、欣赏和尊重,意味着胸有成竹,处事有把握。自信是人们在实践中表现出来的一种美好的性格特征。一个失去自信的人总感到他们的精神世界中笼罩着层层自卑阴云,使自己陷入自我失败的误区;一个失去自信的人,也就否定了自我价值,这时思维很容易走向极端,并把一个在别人看来不值得一提的问题放大,甚至坚定地相信这就是阻碍自己进步的唯一障碍。

自信心测试:请如实回答下列各题。

1. 一旦你下了决心,即使没有人赞同,你仍会坚持做到底吗? 是 否

2. 参加晚宴时,即使很想上洗手间,你也会忍着直到宴会结束吗? 是 否

3. 如果想买性感内衣,你会尽量邮购而不亲自到店里去吗? 是 否

4. 你认为自己是个较完美的人吗? 是 否

5. 如果店员的服务态度不好,你会告诉他们的经理吗? 是 否
6. 你不常欣赏自己的照片吗? 是 否
7. 别人批评你,你会觉得难过吗? 是 否
8. 你很少对人说出你真正的意见吗? 是 否
9. 对别人的赞美,你持怀疑的态度吗? 是 否
10. 你总是觉得自己比别人差吗? 是 否
11. 你对自己的外表满意吗? 是 否
12. 你认为自己的能力比别人差吗? 是 否
13. 在聚会上,只有你一个人穿得不正式,你会感到不自在吗? 是 否
14. 你是个受欢迎的人吗? 是 否
15. 你认为自己很有魅力吗? 是 否
16. 你有幽默感吗? 是 否
17. 目前的工作是你的专长吗? 是 否
18. 你懂得搭配衣服吗? 是 否
19. 危急时,你会很冷静吗? 是 否
20. 你与别人合作无间吗? 是 否
21. 你认为自己只是个寻常人吗? 是 否
22. 你经常希望自己长得像某某人吗? 是 否
23. 你经常羡慕别人的成就吗? 是 否
24. 你为了不使他人难过,会放弃自己喜欢做的事吗? 是 否
25. 你会为了讨好别人而打扮吗? 是 否
26. 你会勉强自己做许多不愿意做的事吗? 是 否
27. 你会任由他人来支配你的生活吗? 是 否
28. 你认为你的优点比缺点多吗? 是 否
29. 你经常跟人说抱歉吗?即使在不是你错的情况下? 是 否
30. 如果在非故意的情况下伤了别人的心,你会难过吗? 是 否
31. 你希望自己具备更多的才能和天赋吗? 是 否
32. 你经常听取别人的意见吗? 是 否
33. 在聚会上,你经常等别人先跟你打招呼吗? 是 否
34. 你每天照镜子超过三次吗? 是 否
35. 你的个性很强吗? 是 否
36. 你是个优秀的领导者吗? 是 否
37. 你的记性很好吗? 是 否
38. 你对同龄人有很强的吸引力吗? 是 否
39. 你懂得理财吗? 是 否
40. 买衣服前,你通常先听取别人的意见吗? 是 否

【计分方法】
依以下标准计算你的分数:
(1)是→1　　　否→0　　　(2)是→0　　　否→1
(3)是→0　　　否→1　　　(4)是→1　　　否→0

(5)是→1　　否→0　　　　(6)是→0　　否→1
(7)是→0　　否→1　　　　(8)是→0　　否→1
(9)是→0　　否→1　　　　(10)是→0　　否→1
(11)是→1　　否→0　　　　(12)是→1　　否→0
(13)是→0　　否→1　　　　(14)是→1　　否→0
(15)是→1　　否→0　　　　(16)是→1　　否→0
(17)是→1　　否→0　　　　(18)是→1　　否→0
(19)是→1　　否→0　　　　(20)是→1　　否→0
(21)是→0　　否→0　　　　(22)是→0　　否→1
(23)是→0　　否→0　　　　(24)是→0　　否→1
(25)是→0　　否→0　　　　(26)是→0　　否→1
(27)是→0　　否→0　　　　(28)是→0　　否→1
(29)是→0　　否→0　　　　(30)是→0　　否→1
(31)是→0　　否→0　　　　(32)是→0　　否→1
(33)是→0　　否→0　　　　(34)是→0　　否→1
(35)是→1　　否→0　　　　(36)是→1　　否→0
(37)是→1　　否→0　　　　(38)是→1　　否→0
(39)是→1　　否→0　　　　(40)是→0　　否→1

说明：

如果你的分数是25～40，说明你对自己自信心十足，明白自己的优点，同时也清楚自己的缺点。不过，在此警告你一声：如果你得分将近40的话，别人可能会认为你很自大狂傲，甚至气焰太盛。你不妨在别人面前谦虚一点，这样人缘才会好。

如果你的分数是12～24，说明你对自己颇有自信，但是你仍或多或少缺乏安全感，对自己产生怀疑。你不妨提醒自己，在优点和长处方面自己并不输人，特别强调自己的才能和成就。

如果你的分数是11以下，说明你对自己显然不太有信心。你过于谦虚和自我压抑，因此经常受人支配。从现在起，尽管不要去想自己的弱点，多往好的一面去衡量；先学会看重自己，别人才会真正看重你。

## 知识拓展

### 情商低的危害

停下来想想，你会怎样去看待某个缺乏情商的人，你会怎么去评价他们？

下面是些例子：

"他从来都不考虑别人的感受。"

"他总觉得自己是对的。"

"我不想让他帮忙，因为我知道他不愿意帮助别人。"

"我发现一说到对我很重要的事情，他就不怎么搭话。"

"我从来没发现他能先顾别人再顾自己。"

"他们简直是顽固不化。"

当然，上面只是简单的几个例子。此类例子还有很多，不过仅仅从上述例子中我们就能看出，缺乏情商确实会破坏我们与他人的关系，影响他人对我们的看法。

缺乏情商同样会破坏我们自身的整体性，减少对自我价值的认知。

詹妮做完了一天的工作，正期待着晚上去剧院看演出。去车库开车的时候，她发现有一个同事的车斜停在两个停车位的中间。"多自私！"詹妮想。尽管还有空的停车位，但是詹妮还是感到很愤怒。"需要给这个人上堂课。"詹妮寻思着。詹妮走到停车接待处投诉。没想到，接待员竟然不在，詹妮认为接待员肯定提前回家了。这让詹妮更加生气，她从服务台上拿起一张大白纸，写了一张纸条儿，粗鲁地骂了刚才那个没好好停车的司机有多自私。然后，她又写了一张纸条儿，强烈谴责接待员的失职，竟然没到点儿就离开岗位。詹妮把第一张纸条儿贴在刚才那辆汽车的挡风玻璃上。

她对刚才发生的事情如此愤怒，以至于在剧院都无法集中精力看整场表演，这完全是个扫兴的夜晚。

到了第二天，詹妮去上班，发现公司的气氛阴沉沉的。原来昨天晚上，有个同事停车的时候撞到了停车场的墙上，心脏受到冲击，生命垂危，现在正在医院里。而昨天接待员看到詹妮同事出事后，就去帮着停车去了。詹妮很懊悔：一方面因为自己看到不顺眼的情形时，竟然做出那么强势的行动；另一方面觉得自己缺乏考虑，车之所以那么歪停着可能是发生了什么事。詹妮花了很长时间才从懊恼的心情中走出来。

首先，詹妮的弱点在于缺乏自我管理。她对所看到的场景感到生气情有可原，但是错就在她不能控制自己的消极情绪，导致她写了那些侮辱性的话。其次，詹妮缺乏自我意识。一看到那个场景，詹妮想都没去想为什么车会那么停，而是很快就认定是别人自私，不为别人着想。接待员不在岗位上，她也没去想可能是别的原因。她缺乏足够的情商去找出事件发生的原因，没有考虑到事情可能有其他缘由而不是自私。缺乏情商的后果就是：詹妮埋怨自己，感到羞愧，同事也会因为她的行为而不高兴。

# 第三章 自我控制能力实训

**案例导入**

## 情绪失控的危害

俗话说,大怒伤身,乐极生悲。这都是情绪失控给人们带来的明显伤害。生活中常见的现象是,人们一看到阳光明媚就会心情愉悦;一遇上阴雨绵绵,就会心情低落;考试考好了,就会手舞足蹈,考试考砸了,就会垂头丧气……这些心情尤其是负面情绪,如果处理不当,就会酿出严重的祸事来。

李明和王强在大学时学的是同一个专业,并且在同一天被同一家大型制造公司录用。未分配岗位前,两人都在公司生产部门实习。李明性格开朗,情商颇高,在实习岗位上,很快就赢得了主管们的好感。不出两个月,就因为他广结善缘而被生产部门主管推荐到人事部门独当一面。而王强性格相对内向,情商不怎么高,平时话语不多,也不爱在人前表现自己。不过,他在工作上表现出了高度的敬业精神,任劳任怨。然而,王强在生产部门实习两个月后,公司不但没提升安排具体的工作岗位,反而调他到与自己的专业有些不符的销售部门实习,后来,又被调往配料、仓库这样的"基层"部门实习。这时,王强听到了一些人的风言风语,说公司之所以这样做,是因为生产主管向公司高层说了他的坏话。他听后"恍然大悟",自己之所以沦落到这个地步,就是因为当初没能像李明那样讨好生产部门主管,从而遭到了他的报复。王强越想越觉得窝火,总想找个时机发泄一下。终于有一天,他在公司与生产部门主管"狭路相逢",一下子情绪失控,责问之余,竟然对生产主管拳脚相加。他的这一举动,一下子惊动了公司高层。原来,公司总经理暗中考察时发现,王强工作扎实,看上去十分稳重,就有意培养他成为公司骨干。为此,他特意安排王强在公司多个部门历练,没想到王强会干出这种事来。当即,总经理作出辞退王强的决定。事后,王强得知公司高层的用意后,懊悔不已,但他不得不为自己的情绪失控付出沉重的代价。

这个事例表明,情绪失控所带来的危害并不缘于情绪本身,而在于情绪的表达方式上。之所以说"一失足成千古恨",都是与情绪失控有直接关系。如果事先就明了情绪失控的危害性,那么,人们就会在工作或社交活动中学会防微杜渐,让理智来操控自己的头脑。高情商的人一般都能管理好自己的情绪。

# 第一节　自我控制概况

## 一、自我控制的概念

(一)情绪与身体健康

人的情绪不仅能够影响人的心理状态,也能够影响到人的生理活动。比如:高兴时,心理状态良好,会眉开眼笑;伤心时,心理会悲观失望,痛哭流涕,眼部肌肉紧缩;气愤时,心理状态会失控,横眉张目,咬牙切齿;害羞时,心灵之窗会自动半掩,血流加速、面红耳赤……

同样,一个人生理状态的好坏也会对情绪产生影响,身体健康则不容易产生消极情绪,身体不适则容易情绪低迷或消极。比如:一个人如果前一晚睡眠充足,早上醒来的时候他的心情会很好,甚至可能哼着歌洗脸、梳头;一个饱受饥饿折磨的人,很难快乐;同样,一个生命垂危的人不会兴高采烈、信心百倍。

生活中,身体健康与情绪相互影响的例子也比比皆是。

美国曾经发生过一起骇人听闻的案件,一个原本性格随和、温文尔雅、待人有礼、与身边的人相处融洽的青年莫名其妙地用枪把自己的家人打成一死三伤,随后,又跑到大街上,用冲锋枪攻击路人,酿成死伤30多人的惨剧。

警方将其击毙后,做结案时,一直找不到他的犯罪动机。后来,一位法医专家找到了原因:在这名青年的颅内长了一个肿瘤,引起了大脑的情绪功能组织的病变,进而使他的情绪变得暴躁、冲动,成了一个嗜血的杀人魔头。

身体的健康状况会影响到情绪的好坏,同时,人的情绪也能够通过影响人的心理状态来对人的身体健康产生作用。

心理学家巴甫洛夫为了研究情绪与健康的关系,做过这样一个实验:

他给狗看两种图形——圆形和椭圆形。给狗看圆形时,同时给它一份食物;给它看椭圆形时,同时电击它一下。若干天以后,狗就形成了条件反射:见到圆形,就摇头摆尾、流口水、十分高兴;见到椭圆形,则紧张害怕,准备逃避。

后来,巴甫洛夫将圆形一点一点地向椭圆变,将椭圆形一点一点地变圆。起初狗还能分辨,并做出相应的反应。然而,当这两个图形越来越相近,以致难以区分时,狗就开始惶恐不安、无所适从,在笼子里四处乱转、大声嚎叫、厌食、肌肉痉挛、呕吐。一段时间以后,狗出现皮肤干燥、脱屑、脱毛、溃疡等症状,甚至身体还开始长出各种肿瘤,比如甲状腺瘤、膀胱癌、肺癌等。

从上面对动物的实验中我们可以看出,长期的惶恐不安促发了身体病变的发生。情绪与身体健康有着密切的关系。良好的心理状态能对人体的生命活动起到良好的促进作用,可以增强免疫力,使人健康、长寿,而消极的心理状态会对人体的生命活动产生消极影响,甚至会造成身体状况的恶化。

美国著名家庭经济学家海伦·科特雷克研究发现,负性情绪影响体内营养素的吸收和利用。科特雷克认为,经常在紧张情绪状态下生活的人,心跳加快,血流加速。这种加大负荷的运行,必须消耗大量的氧和营养素。而且,处于紧张状态下的人体器官,特别是全身肌肉,在消耗比平时多出1~2倍营养素和氧的同时,又会产生比平时多得多的废物。要排除这些废物,内脏器官得加紧工作,这又必须消耗氧和营养素,从而造成恶性循环。

中国古代也有很多关于情绪影响健康的说法,比如"内伤七情"说,认为当人的"喜、怒、忧、思、悲、恐、惊"七种情绪过度时,就会产生生理疾病。《黄帝内经》中就有"怒伤肝"、"思伤脾"、"忧伤肺"、"恐伤肾"的记载。

现代医学对此也做出了详细的解释,专家们通过研究发现,当人的心理状况不好时,体内的内源性皮质类固醇含量会增加,从而使T细胞的机能下降,同时对免疫球蛋白产生抑制,干扰白细胞活动,降低抗体活动能力,使身体的免疫力下降,从而导致疾病发生。较长时间处于抑郁中的人,因中枢神经系统指令传导受阻,胃中消化液分泌大量减少。缺少消化液对胃壁的刺激,人的食量会锐减。由于消化液减少,缺乏消化酶对营养素的分解化合,有时虽不发生腹泻,也难使营养素在体内消化吸收。由于体内营养素缺乏,身体会发生种种生理不适,而这些生理不适,又会加重其心理不适,使抑郁更为严重,从而造成恶性循环。

根据身体和情绪的这些对话,我们不难看出:积极的情绪状态可以增强人的抵抗力,消极的情绪状态则会对身体构成一定的伤害。因此,即使只是出于对健康的考虑,我们也一定要让自己保持好情绪,用好心情来呵护我们的健康。

(二)踢猫效应

踢猫效应是指对弱于自己或者等级低于自己的对象发泄不满情绪而产生的连锁反应。人的不满情绪和糟糕心情,一般会沿着等级和强弱组成的社会关系链条依次传递。由金字塔尖一直扩散到最底层,无处发泄的最弱小的那一个元素,则成为最终的受害者。其实,这是一种心理疾病的传染。

在心理学上,"踢猫效应"的原版故事是这样的:一位父亲在公司受到了老板的批评,回到家就把沙发上跳来跳去的孩子臭骂了一顿。孩子心里窝火,狠狠去踹身边打滚的猫。猫逃到街上正好一辆卡车开过来,司机赶紧避让,却把路边的孩子撞伤了。

现代社会中,工作与生活的压力越来越大,竞争也越来越激烈。这种紧张很容易导致人们情绪的不稳定,一点不如意就会使自己烦恼、愤怒起来,如果不能及时调整这种消极因素带给自己的负面影响,就会身不由己地加入"踢猫"的队伍当中——被别人"踢"和去"踢"别人。

那么,如何应对"踢猫效应"呢?

如果想要避免类似故事中的悲剧发生,不论何时,我们都要保持冷静,控制好自己的情绪。要做"踢猫效应"中间环的截点,中断这一循环。在生活中做到喜怒不形于色,心事勿让人知。平复自己的心绪,给自己创造良好的、快乐的生活态度。

(三)自我控制的概念

人的情绪会受到诸多因素的影响,遇到不好的事情时,人们或低落消沉,或火冒三丈,或愤愤不平,或心烦气躁,种种消极情绪都给人带来负面的影响。因此,必须运用各种情绪管理的方法,灵活地调控自己的情绪,避免情绪给自己造成不良的影响。

自我控制是个人对自身心理与行为的主动掌握。它是人所特有的、以自我意识发展为基础的、以自身为对象的人的高级心理活动。个体的活动就其对象而言有两种:一是针对客观世界的,另一种是针对主观世界的。个体对主观世界的控制是运用符号工具,通过自我意识从而达到对自身心理与行为的控制。自我控制水平的高低不但与其个性道德修养有关,也与其人际关系状况有关,并直接影响人际关系的维护和发展。

一般来说,对自我控制概念的理解至少可以从两方面入手:一是传统描述的自我控制;二是把自我作为动因的自我控制。这两种理解代表了对自我控制的不同研究方向，也代表了对个体意志力的两种阐释。

传统上，人们认为自我控制是当两个行为发生冲突时，个体采取社会所能接受的而不是社会不能接受的行为方式。例如，一个两岁的孩子伸手去抓烫的铁锅，妈妈说："别动！"孩子就会乖乖地把手缩回来。这种情形重复多次后，孩子就慢慢地不靠近烫的锅、碗了。在这个亲子关系的互动中，母亲起了重要作用，她培养了孩子适应社会需要的能力，使他们逐步控制自己的行为，并作出社会能接受的选择，这对日后人际关系的建立与发展非常重要。但影响社会接受或不能接受的行为方式的心理变量十分复杂。首先，奖惩常被用来鼓励适当行为和阻止不适当行为。这种奖惩可以是肉体的，如父亲因孩子与同学打架而揍他一顿；也可以是心理的，如爱的给予或爱的收回。两种奖惩都会影响个体行为方式的选择，其结果是对其人际关系和社会化过程发挥作用。其次，自我控制涉及许多认知变量。就学前儿童而言，他必须抓住因果关系并记住什么样的行为会受到奖励，什么样的行为会遭到惩罚，以便把这类经验迁移到目前的行为情境中，对自己发生越来越复杂的指令，实现内在控制。有时，他们会在行为前停下来思考，虽然此时行为的时间拖延了，但他们的行为已驶入社会普遍接受的航道了。最后，人际信任在自我控制要求延缓满足的情况下起着重要作用。父母的指令"等一等"就是一种延缓满足。如果父母对孩子许诺的奖励言行一致，会增加人际信任，否则，会出现人际不信任的情形，亲子关系就会出现障碍。此外，替代满足能使个体在遭到禁止的情况下转移目标，以缓解挫折感，继续保持社会所许可的人际关系和行为方式。例如，父母和老师禁止一个初二年级的男生和一个女生的亲密往来，于是这个男生就有可能和其他同学的交往增多。这诚如 Karoly (1977) 指出的，自我控制使个体能够为了理想的长远目标而抵御眼前快乐的诱惑或承受眼前的不愉快。

另一种对自我控制的理解，是把自我作为动因的自我控制。最早对此进行论述的是 R. W. 怀特在 1959 年发表的"动机的再考察：能力概念"一文。例如，在一个 8 周的婴儿的枕头下放置一个电动仪器，使其控制婴儿头顶上的活动玩具，当婴儿压迫枕头的另一边时头顶上的活动玩具便开始手舞足蹈，于是婴儿就不断转动头，并快乐地笑起来。这便是典型的对环境施加影响。如果这种影响成功，个体便会觉得自己是促使环境变化的动因；反之，就会产生一种无助感。怀特认为，这一较新的自我概念与社会接受行为与社会不能接受行为之间的选择没有什么联系，而是与儿童能够控制命运的情感有关。强调自我作为动因的自我控制并没有包含传统描述上那么多的变量。影响变量主要是探求的欲望和控制的需要。儿童不仅想做自然环境的主人，而且也希望能控制社会环境。例如，年龄越小的儿童越固执地要求他人（尤其是父母）对他们的注意，学术界称之为"可怕的两岁儿童"。

## 二、自我控制的方法

环境的剧烈变化以及无比激烈的竞争，使得压力如影随形地成为现代人摆脱不了的负荷。学习与逆境共处，与压力共舞，是现代人的必修课程。无论是工作、家庭、感情、学业及人际关系，每个人无可避免地都会遭遇到不如意、不顺畅的事，面对挫折时，要相信自己，并从中学习调整自己、建立自信，尽量维持正向的思考模式。管理情绪的方法，首先是提升自我的逆境商数（Adversity Quotient，AQ），不论遭逢什么样的挫折与障碍，总是有人可以超越逆境，愈挫愈勇；也有人却竖了白旗屈服在逆境之下。其间差异在于个人逆境商数的高低，AQ 越高的人，身处逆境时，越能够积极乐观，勇于接受挑战，发挥创意并找出解决方案。在这充满变数的时代,无论你拥有多高的 IQ 和 EQ,还必须致力提升自我的 AQ。管理情绪的另一个重点是,必须让情绪有宣泄的出口,可以借由深呼吸安定自己的情绪,此外泡澡、听音乐、适当的运动、放空静坐等都是安定情绪的好方法。

每个人都有自己的情绪形态与模式,在愤怒之时,乱发脾气会影响人际关系,不发脾气而长期压抑又会伤害自己的身心。也就是说,无论你是哪一种情绪形态,都存在一个控制与开发的问题。一个人处于青年之时,学会自我情绪控制的方法更有意义。下面就介绍几种简单的自我调控情绪的方法。

(一)数颜色法

最近,一位美国心理学家费尔德提出了一种控制情绪的有效方法,即"数颜色法"。其操作方法是,当你不满某个人或某件事感到怒不可遏而想要大发脾气时,如有可能的话,暂停手中的工作,找个没人的地方,不论是办公室、卧室还是洗手间都可以,做下面的练习。首先,环顾四周的景物,然后在心中自言自语:那是一面白色的墙壁;那是一张浅黄色的桌子;那是一把深色的椅子;那是一个绿色的文件柜……一直数到十二,大约数 30 秒左右。如果你不能立即离开令你生气的现场,例如正在听主管领导的批评或父母大人的教诲,那么你也可以就地进行以上练习。这就是所谓的"数颜色法"。

也许有人会问,这方法行吗?是否有点荒谬?其实这个方法大有学问。它是运用生理反应来控制情绪的一种方法。因为一个人在发怒时,肾上腺素的分泌使得肌肉拉紧,血流速度加快,使生理上做好了"攻击"的准备。这时随着愤怒情绪的升高,注意力就转移到了内心的感觉上,理智性思考能力因而减少,某些生理功能也暂时被削弱。通过运用"数颜色法",强迫自己恢复灵敏的视觉功能,使大脑恢复理智性思考。因此,当你数完颜色时,心情就会平静一些,这时再想想,你该怎么应付眼前的情况?经过这一短暂的缓冲,你就能以理智的态度去对待。所以,此种方法特别适合于暴躁型的人控制自己的情绪。

(二)情绪日记法

情绪日记不是一般的日记,记的是每天自我情绪的情况。即每天发生了什么事,我有什么感觉,甚至一些微小的感觉也要记录在案。这是心理学家们对控制迟钝型情绪的建议。事实证明,压抑不是解决问题的办法。因为你当时没有发脾气,克制住了自己,但愤怒的情绪仍然存在,日积月累,到最后实在压抑不住了,一旦发泄出来,就如同火山爆发,十分可怕,不但自己会受伤,对方更难以承受。这一点须特别引起迟钝型人的注意。正如人们所说的,某先生脾气很好,但一旦发起脾气可就不得了。这就是迟钝型人的情绪特点。因此,情绪日记法是迟钝型人控制自己情绪的一种有效方法。

(三)暗示调节法

自我暗示是改变自己情绪的有效方法之一。其基本的做法是自己给自己输送积极信号,以此来调整自己的心态,改变自己的情绪。具体的暗示方法有多种。

比如,早上起床时,就开始给自己暗示:今天我心情很好!今天我很高兴!今天我办事一定顺利!今天我一定有好运气!……要不断地给自己暗示,使自己的潜意识接受这些信号。这将对你一天的情绪有很大的影响,使你能够心情愉快、精神饱满地去从事各项工作。

(四)运动纾解法

据心理学专家温斯拉夫研究发现,最好的情绪纾解方法之一是运动。因为当人们在沮丧或愤怒时,生理上会产生一些异常现象,这些都可以通过运动方式,如跑步、打球、打拳等方式,使生理恢复原状。生理得到恢复,情绪也就自然正常。有的公司就是利用这一方法来消除职工的不满情绪的。如某公司专门安排了一个房间,在房间里放着公司高级主管的人体模型,当职工对高级主管不满意时,就可到此房间对着高级主管的模型大骂一顿或拳打脚踢一阵,发泄完了,心里感到平衡了,再回岗位继续工作。这就是运动纾解情绪法。

(五)音乐缓解法

音乐具有强烈的情绪感染力,因此也是缓解情绪的有效方法之一。对于部分人而言,当心情不佳时,听上一曲自己最喜欢的音乐,沮丧的情绪就会烟消云散。因此,建议喜欢音乐的朋友,不妨在手机中准备几首自己最喜欢的乐曲,心情不好时就放上几曲,以此来调整一下自己的情绪。

(六)不逃避现实法

保留型或压抑型的人不会将愤怒直接发泄出来,因为他们认为:"生气愤怒都是不应当发生的事,怎么还可以乱发脾气呢?"所以拼命压抑自己的怒气。有些保留型的人在不高兴时,采取离开现场的方式,避免正面冲突,等双方的怒气消失了,冷静下来再说。多数人可能认为,这是一种很好的制怒、避免冲突的方法,其实并非如此。因为即使自己一言不发,也在进行着沟通,自己的肢体、表情已经显示出自己的态度。有时不吭声比吭声更气人。

例如,因某事你对某人正在发脾气,火冒三丈,对方却极不高兴地说:"对不起,我先走了。"此时,你并没有感到对方真明事理,想给双方冷静下来的时间。相反,你觉得对方是在向你宣告:"你根本不值得理睬",而且还感觉受到对方"不屑一顾"的羞辱。又如,夫妻争吵时,如果有一方突然起身、用力地甩门而去,这种临时逃避并不能解决彼此间的愤怒,而只是将问题延后。

专家们研究证明,许多人在离去的当时,或许庆幸自己避免了一场风暴,但事后再与对方见面时,虽然时过境迁,仍很难寻找到解决之道。尤其是在逃离现场时,因为不是在一种心平气和的状态下,所以不但不利于解决问题,反而会使问题更加严重。

因此,专家们建议习惯逃避的保留型情绪的人,若要解决情绪问题,不妨训练自己在发生问题时强迫自己慢慢拉长在现场的时间,每次增加一点,由原先的两秒钟改为一分钟、五分钟甚至十分钟,延长自己面对负面情绪的时间。注意,这里让你延长在场时间,并不是让你留下来大发脾气,同对方对着干,以言相对,你给我一拳,我给你一脚,将斗争继续升温;而是让你留下来,采取数颜色法或暗示调节法来恢复平静理智;或者提醒自己,离开不是最好的方法,因为问题仍然存在,与其不理性地离去,不如留下,好好正视问题,与对方理性地沟通、讨论或许更好。更何况忍气吞声久了,很容易造成自己身体上的不适,那就更划不来了。

(七)注意力调控法

人的注意力,好比一台摄像机的镜头,问题是将镜头对准事物的哪一部分。事物的本身有好有坏,对准好的一面令人欢欣,对准坏的一面令人沮丧。这方面的事例,在日常生活中到处可见。要想控制注意力,最好的方法便是借助于提问题,因为你提出什么样的问题,脑子便会寻找有关的答案,也就是说,你寻找什么,就会得到什么。如果你提出的问题是:这个人为什么这么讨厌？这时你的注意力便会寻找讨厌的理由,也不管这个人是不是真的讨厌。相反,若是问道:这个人怎么这么好？这时你的注意力就会寻找好的理由。同样是对方的一句话,在寻找讨厌的理由时,这句话就是坏话,没安好心;在寻找好感的理由时,这句话就是好话,肺腑之言。你看,差别如此之大。其根源就差在一个点上,这一点就是你的注意力。所以,改变我们情绪最有效且最简单的一种方法,就是改变我们的注意力。

当你情绪不佳时,把注意力调整到你过去的光辉之处,来一段美好的回忆;当你对某人有看法时,把你的注意力调整一个角度,看看此人对你好的一面;当你对某事有反感时,把你的注意力调整 180 度,看看事物的另一面。这样也许能改变你的情绪,使你的心情更加愉快,使你的生活、工作、学习更加顺利。

(八)自我平衡法

有些人的得失心特别重,也就特别容易焦虑、害怕、紧张、恐惧,而且对这些情绪无法控制,所以常因一些工作上小的失误而感到沮丧、自责,认为自己无能、一无是处。其实,很多人或多或少都有这种情况。心理学家们认为,我们之所以对自己施以过度的压力及自责,主要是因为我们的潜意识中有一种"我的过错,所有的人都看得到,而且都很在乎;我犯了错,我再也没法在他人面前抬起头来"的想法在作怪。但事实上呢,时过境迁之后,别人可能早就忘了这件事,自己却一直耿耿于怀,也许一辈子都忘不了。

如此重视,是因为视自己为世界的中心,认为世界是绕着自己转的,所以自己有一点错就是惊天动地、不得了的大事,别人全在注意,自己的一切全完了。真的有这么严重吗? 其实别人并没有把你看得那么重要,有缺点、有毛病、工作失误都是一种正常现象。你会犯错误,别人也会犯错误,彼此彼此。

得失心特别重的人的另一表现就是全盘否定自己。当自己做某一件事,其结果不理想或遭到失败时,就自惭形秽,认为自己一切全完了。这种自我否定,使自己陷入沮丧的情绪之中难以自拔,越想越可怕,焦虑、紧张、恐惧之心日趋严重,情绪越来越差。

事情真有这么严重吗? 不妨请你冷静想一想,你会发现其他人和自己一样,或多或少都有过一些失败的经历,谁也不是完人。因此,失败的人、丑的人、办错事的人并不止你一个,何必为此而烦恼呢? 这些行为或现象是任何人都可能发生的,无须过多自责。只是要记住,当下次再遇到这些情况时,别忘了勇敢地面对、正确地对待就是了。这样,在日常生活或工作当中遇到不顺利或遭受挫折时,心态就会平衡,情绪就会稳定。

## 知识拓展

**微心理:如何提高自我控制力?**

【心理导读】 很多时候,我们做好了计划,却没有按计划执行;不该生气的时候,我们却生气了。许多人都说:"我知道怎么做,但就是控制不住自己。"你真的控制不住自己吗? 也许你的自我控制能力比较弱,容易变得无助和茫然,不过那没有关系,自我控制能力也能越练越强。

**1. 学会自我控制:知觉到的自我控制**

知觉到的自我控制会对我们的生活产生重要影响,自我控制能力强的人更容易成功。此外,有意识的自我控制会消耗我们的意志力,但它也可以通过训练而得到加强。

**微心理 1:自制力就是权力**

电影《辛德勒的名单》里有这样一个镜头:

一个喝得醉醺醺的纳粹头子,摔倒在地上。他歪歪扭扭地爬起来,结结巴巴地对坐在椅子上悠闲品酒的辛德勒说:"知道吗? 我总是在看你、观察你,你从来都不会喝醉。那就是绝佳的自制力!"不管如何,这个杀人如麻的纳粹魔头,说对了一句话:"自制力就是权力。"

心理学家指出,知觉到的自我控制,也就是自制力,对个人的行为乃至人生,都存在着极其重要的影响。如自制力较高的人,在面对困难时,会通过意志力压抑自己想要放弃的念头,坚持勇敢面对问题,这样,他们会比那些自制力弱的人更容易成功。

克制冲动的自制力,也被认为是成功所应具备的一种行为能力。生活中,很容易出现各种误解,若是不及时消除误会,而是采取极端行为,就会造成冲突。自制的人往往能够抑制自己的冲动,表现出更积极的处理问题的态度,而自制力不足的人却往往会使矛盾激化。

### 微心理2：自我控制和肌肉力量一样,越练越强

在发生冲突后,我们总是会批评好斗者的暴利、攻击行力,怪他们不控制自己。但心理学家发现,并不是好斗的人不想控制自己,他们只是不善于控制自己。研究发现,在有冲突发生时,比如,在有人侮辱某个好斗者时,使用脑部扫描仪查看好斗者被人侮辱时的脑部活动就会发现,涉及自我控制的那部分实际上比好斗性较低的人的活动更积极。可见,好斗者其实很想控制住自己。

鲍迈斯特和艾克斯林推断,自我控制类似于肌肉力量:两者都会因为不断使用而变得比较虚弱,但可以通过休息得到补充,并且随着练习而加强。新南威尔士州大学的托马斯·丹森说,通过练习用自己不惯用的另一只手使用鼠标、搅拌咖啡、开门等,可以练习自我控制,进而能很好地限制人们的攻击性。他的另一项实验也证实,那些练习了自我控制的人对于侮辱者的回应具有更少的攻击性。

所以,如果你的自我控制能力较弱,不妨尝试着练习,因为"练习自我控制和打高尔夫球或者练钢琴没有什么区别"。

### 微心理3：不再好逸恶劳

人们倾向于好逸恶劳,是因为惰性是人的本能。但是,惰性在很多时候是有害的,比如在遇到困难时,人们倾向于回避。惰性也会导致个人行动拖延,态度消极,甚至影响整个人生的发展。因此,我们需要保持坚强的意志力,克服惰性。美国著名盲聋哑女作家海伦·凯勒坚强的意志感染了几代人,给世界带来了源源不断的激励。

海伦·凯勒在她仅仅19个月大的时候就因为猩红热失去了视觉、听觉,不久,又丧失了语言表达的能力。虽然她只能在看不见、听不到、说不了的情况下生活,但她凭着顽强的毅力,尝试着学习盲文并与外界交流。

1898年,海伦·凯勒考入了哈佛大学附属剑桥女子学校,1900年秋,她又被哈佛大学雷地克里夫学院录取,1904年,她再次以优异的成绩获得哈佛大学文学学士学位。

像海伦·凯勒一样,通过坚强的意志力调节,我们就能战胜惰性,获得更多成功。

### 微心理4：你其实可以更好地控制自己

一位美国商人从事的是一项很烦人的工作,于是他习惯在进餐前喝几杯葡萄酒来放松心情。但酒和累人的工作又使得他常常一喝完酒就呼呼大睡。这位商人意识到自己是借酒消愁,浪费光阴。于是他决定把时间用在工作上,不再喝酒。刚开始时不习惯,总有冲动想去喝,但他一想到自己戒酒只会是得大于失,就马上放弃了喝酒的念头。后来的事实证明,他喝酒越少,工作的干劲也就越大。

心理上的麻木以及对危害的接受会导致意志力衰退,相反,当认识到意志力的薄弱会给自己造成巨大危害时,人的意志力就会提升。我们要学会拒绝接受危害,并采用正确的方法提升意志力。比如,我们可以在做事之前把可能要做的事、动机或理由呈现在脑海中,并在脑海中阐发充分的理由,然后依据充分的理由下定决心。这样,我们就可以提升自身的意志力。

### 微心理5：你也能控制失败

让我们来看一些实例:

"飞人"迈克尔·乔丹上高中时曾被校篮球队拒之门外。华特·迪士尼曾被认为"缺乏想

象力",所以被一家报纸的编辑解雇了。J.K.罗琳的小说《哈利·波特与魔法石》在遭到12家出版社的拒绝之后,才被伦敦的一家小型出版社接纳。披头士乐队曾经被迪卡(Decca)公司拒绝签约,原因是披头士的声音不受他们的喜爱。

那么这些人为什么后来成了成功人士呢?从心理学的角度看,可以说,这些成功人士具备的一种坚定不移的信念、相信自己会取得成功的要素之一就是"自我效能"。所谓自我效能,是指一个人在多大程度上感受到自己能够做到或做好某件事。自我效能通过影响自我控制能力,进而影响个人行为。

当一个人感觉自己能够做到某件事时,他就会表现出高度的自制力,严格要求自己,并实现这一结果;反之,他就会轻易放弃对自己的控制,转而开始懈怠,最终放弃。

### 微心理6:自我控制力过强不一定是好事

大多数人都认为,那些不顾自己的健康而选择抽烟、暴饮暴食、酗酒的人缺乏自我控制能力,他们之所以做出那些对自己不利的事情,是因为自我控制失败。然而,心理学家凯瑟琳·罗恩和凯思林·沃斯却指出,有时候这些不良行为正是个人成功地进行了自我控制的表现。

我们都知道,人们第一次喝啤酒、烈性酒和咖啡时,会觉得难喝;第一次抽烟的人也会觉得恶心。他们认为,人们抽烟、喝酒只是为了达成某些目标,而这些目标在很大程度上与社会认同或接纳有关。也就是说,为了获取人际交往中的利益,人们会靠着自我控制去做"不利于"自己的事。所以,那些具有较强自我控制力的人往往更加容易迷恋上啤酒、香烟这类东西,因为只有较强的自我控制才能克服一开始的那种不舒服甚至可怕的感受。

可见,自我控制是一把双刃剑,既可以帮你也可以害你。我们不但需要加强自我控制能力,也需要提升自己的判断能力,知道如何合理地运用自我控制。

### 微心理7:微妙的信息也会影响你的心理

苏联心理学家利维发现,即使是一些微小的信息也能影响个人的自我效能,进而影响到个体行为。

利维对90个老年人以0.066秒的时间间隔呈现一系列词语,包括"下降"、"遗忘"和"衰老",或者是"明智"、"聪明"和"有学问"。这些被试仅仅下意识地知觉到了光的闪现和模糊的点。但结果显示,呈现积极的词会提高他们对自己记忆的信心,而呈现消极的词则会降低他们对记忆的信心。心理学家还指出,中国老年人普遍具有积极的、受人敬仰的形象,因而他们的记忆自我效能也较好,他们比在西方国家观察到的老人遭受的记忆丧失更少。

可见,即使是微妙的控制信息也能导致我们的心理变化,所以在日常生活中,我们应该更多地关注积极的东西,给自己更多积极的暗示。

### 2. 让自己逃脱无助的阴影:习得性无助和自我决定

自制力不强的人很容易陷入习得性无助,最终变得消极和任人摆布;然而,人们天生追求自由,所以,我们需要一定的自我决定权。如果我们对某些事情失去控制,它们就可能会演变成让我们不愉快的压力事件。

### 微心理8:是真的不行还是你自己认为不行

美国心理学家塞里格曼做过一个经典的实验:把狗关在笼子里对狗电击,每次电击之前一个蜂音器都会响起。开始,狗上蹿下跳,试图逃出笼子逃避电击。但经过多次努力,狗发现根本逃不出笼子。于是,只要蜂音器一响,狗就安静地等待电击。后来,塞里格曼把笼门打开,然后打开蜂音器。结果,狗不但没有逃出笼子,反而躺在地上呻吟、颤抖。

塞里格曼指出,人和动物一样,在面临一种无法改变的客观条件时,都会产生一种无助感,久而久之,即使客观条件改变了,他们仍然不能从已形成的无助感中摆脱出来。塞里格曼称这种消极悲观的心理状态为习得性无助,它使人们失去希望,放弃努力,被动地承受灾难和痛苦。

事物都是可变的,并不是静止不动的,我们需要认识到这一点,不被感觉欺骗;学会克服习得性无助心理,我们会发现结果不会一直很糟糕。

### 微心理9:世界并不像你想象的那么不可控

经典的心理学教材上有这么一个事例:

一个40岁左右的单身男人对学临床医学的学生杰里·法里斯抱怨道:"我从来没有社交生活。"于是,法里斯介绍这位男子参加了一次舞会,舞会上好几个女士都与他跳舞。但这位男士似乎仍然没有从沮丧中走出来,他随后说:"我只是幸运一点而已,这可能不会再发生了。"

生活中,很多人都和这位男士一样,把自己的成功归因于外部环境也就是外部归因,而不是自己的努力和技巧即内部归因,这会削弱个人对事物的控制力,令自己变得无助。心理学家发现,我们如何解释挫折会影响到我们对事物的控制感。那些有较强控制感的人,会认为自己的命运是由自己控制的,会表现出自我控制的意愿和能力,更可能在学校表现优秀,拥有更好的关系,能挣更多钱,并且可以延迟满足以实现长远目标。所以,下次遇到挫折时,不妨将其看成一次意外,相信你能行。

### 微心理10:生活掌握在自己手中才快乐

心理学家兰格和罗丁做过这样的一个实验:

他们将康涅狄格疗养院的老年病人分为两组。一组的看护者对老人们强调:"我们的职责是让你们为这个家感到自豪和幸福。"他们给病人以正常的、好意的、有同情心的照顾,但病人们是被动的。第二组的看护者对老人们说的却是:"让你过任何想要的生活。"它强调选择的机会,病人们可以做些小决定和履行一定的责任。三周以后,报告显示,第一组的病人更加虚弱,而第二组93%的病人表现得更加机敏、活力和快乐。

兰格和罗丁从研究中得出结论:对于一个被迫失去自我决策权和控制感的人,如果给他一种较强的自我责任感,提高他对生活的控制感,让他们可以自我决定,那么他的生活质量会提高,生活态度也会变得更加积极。

### 微心理11:你想要的东西才能让你更快乐

一位老人在一个小乡村里休养,但附近有一群十分顽皮的孩子,他们天天在老人的屋子边大吵大闹,破坏了清静的环境,也使老人无法好好休息。老人制止了无数次,仍然没有效果,最后老人想出了一个办法,他把孩子们都叫到了一起,告诉他们自己很喜欢他们到这里来玩,并说他们以后每天来玩都可以得到奖励。孩子们逐渐习惯于获得奖励,老人却逐渐减少所给的奖励,到最后老人一分钱也不给了。于是,孩子们觉得待遇不公正,认为"不给钱还想我们给你热闹,做梦",就再也不到老人的房子附近大声吵闹了。

老人很聪明,孩子们的内部动机"为快乐而玩"被金钱改变成了外部动机"为得到钱而玩",他操纵着钱这个外部因素,所以也操纵了孩子们的行为。这就是"德西效应"。进行一项愉快的活动,如果提供外部的物质奖励,反而会减少这项活动对参与者的吸引力。我们应当多注意激发自己和别人的内酬动力,即积极主动、持之以恒的兴趣以及坚强的意志,而不是仅仅依靠外部物质激励。

### 微心理12:必要的自我克制可以带来更大的快乐

20世纪60年代,美国心理学家沃尔特·米歇尔在一所幼儿园做了有名的"糖果实验":他在一个班里找了数十名孩子,在每个孩子面前放一颗糖,并告诉他们可以马上吃糖,也可以等他回来再吃糖,但如果等他回来再吃糖的话可以得到另外一颗糖。20分钟后,他重新回到了教室。他发现,有的孩子虽然也想吃两颗糖,但禁不起诱惑,等他一出去就迫不及待地把糖果吃掉了,而有的孩子则极力克制自己,以得到两颗糖。

后来,那些能够耐住性子的孩子在青年时期也有耐性,做事不急于求成,易与同龄人相处,比较自信。而另外的那些孩子却容易急躁,一受挫折便不愿与人交往。

这个实验表明,忍耐性也会对人的行为产生重要影响,而忍耐就是行为心理学的"延迟满足"现象,它是自我控制的表现之一。延迟满足让人们面对诱惑时,能暂时克制满足需要的冲动,以便在以后获得更有价值、长远的利益和幸福。正确地利用延迟满足效应,就能感受到更大的幸福和快乐。

### 微心理13:爱上你所做的才是硬道理

我们常说:"兴趣是最好的老师。"比尔·盖茨曾经在给一个向他请教的中学生的回信中写道:在最感兴趣的事物中,隐藏着你的人生。可见,人生的最大幸福就在于能够把自己的精力付诸感兴趣的事情并有所成就。然而,正是无数感兴趣和不感兴趣的事才交织成了生活,它们是复杂而不可分割的。

某个管理者可能讨厌公开会议,只喜欢私下指导,但他不可能永远逃离公开会议;某个大学生可能只喜欢几门课程,但他不得不学习所有课程,因为他不感兴趣的课程可能是必要的基础知识,可能会对他感兴趣的那些课程产生重要影响。

其实,是否感兴趣取决于我们自己,如果你将缺失兴趣归因于不可控制的外部因素,就会进一步丧失兴趣,最终对事物毫无控制力。所以,遇到不感兴趣却又不得不做的事情时,不妨主动调整兴趣,爱上所做的事情,这样更有可能让我们突破自己,获得更多的发展机会。

### 微心理14:自我激励,内心的能量

贝多芬一生创作了大量的优秀作品,最著名的有《英雄》《命运交响曲》《田园交响曲》、《欢乐颂》等。后人将他、莫扎特和海顿并称为"维也纳三杰"。然而,贝多芬的命运并不平坦,他4岁时就被酒鬼父亲逼着练琴,有时甚至不能睡觉;他在26岁时又突然失聪,此后只能通过书写谈话册与他人交换意见。即便如此,他仍然以惊人的毅力坚持音乐创作和演奏。

是什么让贝多芬从失聪的打击之中恢复过来,更多地表现自己对世界的关怀、对人的热情和对生命的执着呢?除了对音乐的执着,自我激励起着更大的作用。

美国心理学家发现,一个从来没有或者很少进行自我激励的人最多只能发挥自身全部能力的30%,而那些经常进行自我激励的人,成功的概率超过了80%,几乎是前者的3倍。如同激励他人一样,常常进行自我激励能帮助我们提高情绪状态,更加积极地面对生活。面对失败、突如其来的困难和恐惧时,我们要学会对自己说:"直面困难和恐惧,我的未来可以更美好。"

### 3. 功归自己,错在他人:自我服务偏见

人们常常从好的方面来看待自己,当取得一些成功时,会很容易归因于自己,而做了错事之后,则把过失归因于外在因素,即把功劳归于自己,把错误推给别人,自我服务偏见导致归因偏见。

### 微心理15:争吵中存在的自我服务偏见

社会心理学家发现,夫妻在家务活的分担中会存在明显的自我服务偏见,即他们对自己在清理房间、照顾孩子、洗衣做饭等方面承担的责任估计要远远大于配偶认为的。通常妻子们对于自己所承担家务的比例,要高于丈夫们对她们的评估。心理学家罗斯等人跟踪调查了加拿

大已婚年轻人,发现全国91%的妻子认为自己承担了日常大部分的食品采购工作,而只有76%的丈夫同意这一点。

其中,一位丈夫向调查者描述:"每当晚上我和妻子把要洗的衣服丢到洗衣篮外面,第二天早上,她都认为这次该我来拣,当我弯下腰觉得十有八九都是我拣的时候,她却还在那唠叨:总该轮到你一次,十有八九都是我来拣。"同样,丈夫对于自己所承担责任的高估也会让妻子感到难以理解和接受,一旦争吵爆发,充满偏见性的话语就很容易导致夫妻反目、婚姻不合。可以说,绝大部分婚姻破裂的根源就在于自我服务偏见。

**微心理16:偏见导致自利判断**

自我服务偏见是指人们在加工与自我有关的信息时,会出现一种潜在的偏见。在大多数情况下,人们会把自己看得比别人要好,会一边轻易地为自己的失败开脱,一边欣然接受成功的荣耀。秘书们发现一个现象:新领导上任,总能发现问题,发现问题后追究原因,就会明显或隐晦地把过错归咎于前任,而当他卸任时,却总在强调自己在这个位置上做出的成绩。

自我服务偏见表明,即便人们只在一件事情中扮演很小的角色,也会经常把自己看作某件事情的主要负责人,放大自己的功劳,同时作出带有诸多自利色彩的判断。例如当亲密关系出现问题时,个体通常会把责任更多地推到配偶身上,离婚的人很少责备他们自己。可是当工作、家庭甚至游戏中的情况好转时,个体却往往会认为自己起到了更重要的作用。

为了获取奖金,科学家很少低估他们自己的贡献。1923年,班廷和麦克劳德因发现胰岛素而获得诺贝尔奖后,班廷声称,作为实验室领导者的麦克劳德更多的时候是他们的研究障碍而不是助手,麦克劳德则在有关该发现的演讲中删除了班廷的名字。

**微心理17:人性中无法调和的悖论**

在人类身上存在着一种明显的悖论,那就是他们既饱受低自尊的折磨,像人本主义心理学家指出的那样,人人都受自卑情结困扰,绝对没有自卑情结的人只是在伪装而已;然而,人们同时又坚定不移地对自己感觉不错、评价不低,连那些最悲观的人也是如此。正如心理学家戴夫·巴里指出:"无论年龄、性别、信仰、经济地位或者种族有多么不同,有一件东西是所有人都有的,那就是每个人的内心深处都相信,我们比普通人要强。"

一个对自尊的研究证实,即使是最自卑的人,在给自己打分时也基本使用中等的评分标准。心理学家进行的全国性的伦理道德调查中有这样一道题目:"在一个百分制的量表上,你会给自己的道德和价值打多少分?"50%的人给自己打分在90分或90分以上,只有11%的人给自己打分在74分或74分以下。

可实际上,如果所有人都高于平均水平,那怎么可能呢?

**微心理18:都是运气不好惹的祸**

自我服务偏见使人们在解释消极事件时,轻易地把失败和过失归咎于外在因素。无数个心理实验证明,当得知自己成功时,人们会有乐于接受成功荣誉的反应,他们会把成功自然地归结为自己的才能和努力,而一旦失败,运气不佳则是最常拿来一用的托词。

在那些既靠能力又凭运气的情境中,这种现象尤其明显。考生考试失利会把原因归咎于题目出得太偏、老师根本就没说会考、突然间肚子很疼等外在因素;应聘失败通常是没有合适的衣服、主管故意刁难;公司利润下滑,领导们会认为这是经济不景气时的正常反应;比赛过后的采访,运动员会把失败解释为前一天没有休息好、不公平的判罚乃至对手发挥超常,总之是运气不好。

对于保险单上的事故原因调查,司机们通常这样描述:"那辆车突然就钻出来了,应该事先发出一点儿声音嘛；刚到十字路口，一个路障突然弹过来挡住了我的视线；早上方向盘还好着呢，谁知一下就失灵了呢。"看起来，也都是运气不好惹的祸。

**微心理19：谦逊只是为了得到更多的表扬**

中国人素来以谦逊为美，老子也说过，应该把自己置于最低地位，进而实现自己的人生价值，当然，这指的是真正地认识到自己的不足。然而，现在你到处可以听见人们这种自谦的声音："我太笨了"、"我多希望我没这么丑"等等。这也许只是一种虚伪的谦逊。为了得到更多的夸奖，人们很乐意这么自我贬低，因为朋友们大多会在你自谦之后告诉你："你做得很好！"

同样的道理，大赛前的教练们公开夸奖对手只是为了"显得谦虚"，为的是给自己找台阶下。赢了，当然是值得褒奖的成就；输了，则是因为对方太强大，早知道不如他们。心理学家在一场大学生实验性的辩论中，发现学生们在公开场合都会夸奖他们的参赛对手，但在私底下，却把参赛对手损得一无是处。

看看，这就是人们的"良苦用心"。对自己的实力轻描淡写，既减轻了表演的压力，又降低了评价表演成绩的基线。

**微心理20：虚伪的谦虚，自保的法则**

心理学家鲍迈斯特等人曾要求学生们写一篇"一次重要的成功经历"的文章。有些人被要求署名并当众宣读自己的故事，这些人常常提到他们得到的他人帮助和情感支持；而那些匿名写作的人则更多地描述自己如何通过努力获得了成功。

鲍迈斯特称这为"表浅的感谢"，它只是为了表示谦逊，在道谢者内心，荣誉还是归于自己。在我们的文化传统中，向来有得到别人的夸奖或看重后诚惶诚恐地辞谢的习惯，这一点在官场中尤其常见。比如"小子何德何能！"、"您过奖了，愧不敢当！"、"哪里哪里！"、"众位抬爱，实在是惭愧"等大量谦逊的用语，不胜枚举。心理学家埃克斯林和罗贝尔认为这是人们在规避"获胜后的危险"，自己的成功往往会使别人产生嫉妒或怨恨心理。可见，这种谦逊做法是人们继续在群体中取得归属、悦纳、支持的技巧，是一种当事人调节群体心理平衡的方式，也是一种自我保护的深刻的内在需要。

**微心理21：我们都在努力经营着自己的"面子"**

生活中，我们每个人都非常注意自己在他人面前和社交场合中的形象，比如，在约会前，年轻姑娘和小伙子们都要对镜梳妆，细心打扮一番；在求职招聘会上，每个人都尽量做到穿着得体、仪态大方，并且仔细考虑如何自我介绍、如何展示自己的才能；而参加重要的会议、会见重要的人物或做一个报告时，大家都会穿上正装，以保持好形象。

这就是自我展示，我们总是在向别人和自己展示一种受赞许的形象，努力管理自己的好形象，进行印象管理。印象管理认为，个体总是希望获得别人或社会的赞同，并想控制社会交往的结果。

所以，若是你碰巧看见了别人的窘迫，一定要注意处理方法，最好不要让别人觉得太难堪，给别人留点"面子"。

**4. 别人究竟是怎么样的：虚假普遍性和虚假独特性**

我们总是从自己出发，因而往往认为自己比一般人好，容易高估自己观点和弱点的普遍性，低估自己能力和品德的普遍性，这些都是自我服务偏见的根源。

**微心理22：别人真的会和你持同样的观点吗**

看看在下面的情况中，你是不是会有类似的想法：

● 剧烈运动后的人会认为，迷路的徒步旅行者更可能会遭受口渴之苦，而饥饿的人会认为旅行者遭受的是饥饿之苦。
- 具有保护意识的初为人父母者会认为世界更加危险。
- 当人们的生活发生变化时,可能会认为整个世界也在变化。
- 对其他民族怀有消极看法的人常常会认为很多人都会怀有这种消极的僵化思想。

以上都是心理学家研究之后得出的结论,其中,他们还发现,刚做完运动的人中有88%都作出第一项那样的猜测,而那些将要运动的人中只有57%会那样想。上面提到的这种现象被称为虚假普遍性效应,即我们会过高地估计别人对我们观点的赞成度以支持自己的立场。

我们之所以会犯这样的错误,是因为我们的归纳性结论只是来自一个有限的样本,我们总是从自己的角度出发看问题。

### 微心理23:盲目乐观使我们"高人一等"

大多数时候,我们认为自己更容易成功,凭空地提升自己的形象,那只是因为我们在盲目乐观。就像处于隧道中的人,往往惯于注视远方隧道尽头的光亮,而忽略身边潜藏在黑暗中的危险。心理学家通过实验研究了人们的这种盲目乐观。

研究人员为被试提供一些负面事件,比如失业、离婚、车被偷等。然后要求被试假想自己遭遇到这些负面事件。

被试在假想"遭遇"每种灾难时,研究人员首先询问并记录下他们认为事件真正发生在自己身上的可能性。然后,研究人员统计出平均可能性,告知所有研究对象。整个实验的结果用一个例子来说是这样的:

例如,当被问及自己今后失业的可能性时,被试甲一开始判断为40%,被试乙判断为20%,当两人被告知平均可能性为30%的时候,甲立刻将自己的判断降低为30%,而乙仍坚持自己今后失业的概率只有20%。

心理学家沙罗特说,这一研究表明,"我们更倾向于选择我们(愿意)听到的信息"。正是这种盲目自信,使我们总是认为自己"高人一等"。

### 微心理24:你的能力并不是超乎寻常的

王新是一个30多岁处在离婚边缘的男人,与妻子已经分居达两年之久了。当初,他信誓旦旦地说自己的婚姻是完美的,在这种情况之下,他又认为自己做得不错,只是妻子太挑剔。

在工作上,他总觉得自己优于别人。他认为只有自己的想法、观点和方案是无可挑剔的,凡是与之不符的都是错误的,而且还将他人的方案批得一无是处,似乎他手中掌握的就是真理。就因为如此,有老员工甚至请求调换岗位,但他依然察觉不到。最终,因为过于高估自己的能力,不听取他人的意见,王新在一个项目上给公司带来了很大的损失,丢了饭碗。

在观点上,人们通常会高估别人对我们的赞成度,而在能力上,当我们干得不错或获得成功时,我们又会把自己的才智和品德看成是独一无二的、超乎寻常的,以满足自己的自我形象。这就是和虚假普遍性效应相对的虚假独特性效应。虚假独特性效应让我们更加美化自己,而认识不到自己的不足。

### 微心理25:记忆让我们认为自己更好

很多人都认为自己的记忆很准确,我们常常听到两人互相争论某件事情发生的时间或者地点,双方都认为自己是正确的。但实际上,我们的记忆也是事后构建的,带有很大的主观性。故而,心理学家也指出,我们以自我提升的方式来看待自己也与我们处理自己的记忆的方式有关。原因是,当我们回忆时,更容易想起来的是自己做过什么,而对于自己没做什么或仅仅是看他人在做这种情境,我们总是想不起来。

以前每到暑假的时候,家里的家务活都是我和弟弟做,包括做饭、洗衣服、洗碗等。我们也通常认为自己做的事情多,我通常会冲着弟弟说:"你去把碗洗了吧。"弟弟不干:"我今天已经做很多事情了,拖地、洗菜都是我弄的。""那我天天都做饭、洗碗,还要洗衣服。"我为自己辩解道。弟弟又回击:"天天都是我去买菜啊。"

看来,大多数时候我们都只记住、只回忆起了自己做了什么,却完全不会想到自己没做什么。

### 微心理 26:为了获得赞许,我们像变色龙一样

小王和小张一同来到了北京,两人打算先在北京闯荡一番,经过找房子、找工作、面试等一系列的忙碌,小王有点受不了了,嚷嚷着要回去。而小张却在求职面试中开始学着适应忙碌的生活,学着积攒人脉、调整心态,虽然累,但是他觉得挺充实、挺开心。

可以看出,故事中的小张有更好的适应能力,自我监控性较强,更关心人们对自己的评价,更倾向于成为人们希望的样子。自我监控性强的人会不断调整自己的行为,使自己的行为和周围环境合拍。因为很在意别人的看法,所以他们很少依据自己的态度行事,有时甚至支持一些其实自己并不想赞成的观点。而自我监控性弱的人则会更多地按照自己的感受和信念来说话或做事,表现得我行我素。自我监控性较强的人能够更好地适应新工作、角色和人际关系,但同时也可能出现见风使舵、以虚伪的面目欺人的情况。

### 微心理 27:别人的评价怎样影响了你

刚毕业的小王为了给领导留下一个好印象,不仅工作认真,还天天自己加班,没多久就提前完成了领导交给的任务,并且完成得很好。领导很是欣赏小王,不仅私下表扬他,还在会上鼓励大家向小王学习。一下子,同事都认识了小王,都评价他勤奋、认真、刻苦,是个有能力的人。后来,每当小王太累而想休息的时候,他都会想起别人对自己的评价,于是就放弃休息,坚持工作。

我们可以看到,故事中的小王在知道大家对自己的评价之后,也觉得自己是个努力的人,所以拒绝偷懒,加倍努力工作。也就是说,小王的行为是建立在别人如何看待自己这一基础之上的。心理学家库利曾说,别人对我们的反应是影响我们如何看待自己的最重要因素。例如,如果别人都认为你是一个原则性很强的人,那么你在即将作出某些没有原则的选择时,就会变得犹豫起来。

## 第二节 自我控制实训项目

大仲马曾经说过:"你要控制自己的情绪,否则你的情绪便控制了你。"

有个年轻的庄稼汉,每次碰到与人发生纠纷快要起冲突时,他便立刻冲出现场,回到自家田园旁,绕着田地房舍左跑三圈右跑三圈,跑得气喘吁吁,然后一屁股坐在家门前静坐沉思。次数多了大家都很好奇,询问他这到底是怎么一回事,他每次都笑而不答,众人也理不出头绪。由于他鲜少与人结怨,或者对人大发脾气,因此人缘甚佳,样样事情都很顺利,房子一间一间地增建,田地一直不断扩充,不到几年,早已是富甲一方的大亨,可是每次遇到不愉快的场合他仍转身就走,跑回自己的家园左绕三圈右绕三圈,后来年纪一大把了,子孙们不忍见他如此疲累,纷纷劝阻并一再请求他说明个中原因,拗不过大家的苦苦哀求,他终于揭开了数十年来的秘密。

其实很简单,年轻时每次正要发火,不管谁是谁非,他总是跑回家,边跑边告诉自己:"我的房屋如此简陋,田地这么少,努力都还来不及,哪来闲工夫与人生气争吵?"等到有了点成就,他又这样告诉自己:"我的事业都这么大了,还为这么一点小事与人争斗,肚量也未免太小了吧!老天爷已对我这么宽厚,我还计较什么、气愤什么呢?"一股似火山般即将爆发的怒气,就这么被他轻轻一绕就消失得无声无息,多高的智慧呀!

如何解除愤怒,让愤怒的情绪尽快远离,是幸福人生必修的课题。找一个最能够释放压力的方式吧!运动运动,流流汗,啜一杯香浓的咖啡,赏一段柔美的音乐,或者走入自然,让纷扰的人事沉淀,抑或与知心友人相伴,让真情自由挥洒,这些都不失为减压良方。

## 自我控制实训一

### 情商小测试:你善于克制自己吗?

根据你的实际情况,对下列题目作出唯一适合你的选择。

1. 你在办公室里,为了赶一件工作而忙得晕头转向,此时电话铃却急促地响个不停,你赶忙抓起电话听筒,对方抱怨你接晚了,可他又打错了电话,这时:
   A. 你对对方的埋怨表示接受,然后告诉对方"您打错了"
   B. 你说一声"这是火葬场","咔嚓"挂了电话
   C. 你告诉对方要找的单位,可你不是这单位的人
   D. 你说:"我是××单位,请另拨号吧"

2. 当你排长队买球票等得不耐烦时,一位不速之客试图混在你前面插队,这时:
   A. 你想:"反正也不是只我自己排队,插就插呗"
   B. 你吹胡子、瞪眼:"自觉点儿,后边去"
   C. 你说:"我倒没什么,早点儿晚点儿都行,可后边的人们有意见"
   D. 你说:"对不起,你来得比我晚,是吧?大伙都挺忙,排好队也不慢"

3. 这天下午你提前下班,为了让妻子(丈夫)改善一下生活,你想在她(他)面前"露一手",不辞辛苦地张罗起来。由于技术不熟练和手忙脚乱,菜没做好。你妻子(丈夫)回来一看,埋怨你:"做的味儿不可口,火候也小了,把挺好的材料也浪费了。"这时:
   A. 你虽然心里很委屈,还是一声不吭地听了
   B. 你说"不好吃别吃",随手将其倒掉
   C. 你说:"我本来是可以做好的,可是由于锅不好用才做糟了"
   D. 你理解妻子(丈夫)只是恨铁不成钢,高兴地对她(他)说:"这次是有点儿不成功,下次包你满意"

4. 你到一家餐馆就餐,服务员给你找零钱时少找给你两角钱,你发现以后:
   A. 你想:"算了,这样忙乱,她不承认也没办法",便悄然离去
   B. 你气势汹汹地质问、斥责她,说她这是"故意想占便宜"
   C. 你什么也不说,但离开时将一只杯子装进口袋,以作抵消
   D. 你对服务员说:"对不起,能否查一下,你多收了我两角钱"

5. 你刚买回一台录像机,还没有好好使用过,你一位朋友说要借看几天,而你并不愿意外借,你怎么办呢?

A. 尽管心里老大不愿意,但还是借给他看了
　　B. 你不但不借给他用,还对他说难听的话
　　C. 你说:"咱们是好朋友,你不来借也要让你看几天,只是不巧被别人借走了"
　　D. 你说:"我刚买来,看看质量好不好,要没问题第一个借给你看"
　　6. 你的经理交给你一件并不属于你职责范围内的事情,虽然你对此项事情不熟悉,但还是费九牛二虎之力完成了。当你高兴地去向他报告时,不仅没受到赞扬,还被指责这也不对,那也不妥。这时:
　　A. 虽然满腹委屈,但你还是一句话没说,默默走开
　　B. 你不买他的账,拂袖而去
　　C. 你说:"这事我也觉得不妥,可科长让这样干的"
　　D. 你耐心听完他的话,找出错在哪里,今后如何改进工作,并提醒他注意态度
　　7. 你的朋友当着众人的面喊你鲜为人知的不雅"绰号",你怎么办?
　　A. 你面红耳赤低头不语,在众人笑声中显得尴尬,无地自容
　　B. 你怒声斥责他不懂礼貌,胡说八道
　　C. 你反唇相讥,当着众人面给他起个不雅的外号
　　D. 你向大家解释"绰号"的来历,说明并没恶意,以澄清是非
　　8. 你好不容易挤上公共汽车,还没站稳就被旁边的人踩了一脚,而且没有一句道歉的话,这时你怎么办?
　　A. 踩一脚就踩一脚,反正也没踩伤
　　B. 怒声斥责他,骂他"眼瞎",并因此吵架、动武
　　C. 不动声色,到下车时回敬他一脚
　　D. 告诉他你被踩得很痛,虽说不是故意的,也应该说声对不起
　　9. 你到一家餐馆就餐,要了一份价钱比较贵的菜,服务员送来后,你感到分量不足,这时你怎么办?
　　A. 你想,开饭店就是为了赚钱,再说也没绝对准确,凑合吃下算了
　　B. 你端上菜找到服务员大吵大闹,指责他们故意坑顾客,发不义之财
　　C. 你一声不吭吃下,但临走时给饭店使点坏,比如把酱油、醋倒掉或把桌布弄得很脏
　　D. 你把意见详细写在意见簿上
　　10. 你走在马路上,突然被一个骑自行车带小孩子的人撞着了,你怎么办?
　　A. 你想,怪不得昨晚做了个噩梦,今天自认倒霉吧
　　B. 你厉声批评他,不让他走,要他向你道歉、赔偿损失,结果把孩子吓得哇哇大哭
　　C. 你想到骑车带小孩子违反交通规则要罚款的规定,你以找民警评理罚款威胁他
　　D. 你对他说:"多险!差点儿碰伤孩子,往后骑车留心点儿,再说带孩子骑车也不安全"
　　【评分规则】
　　数一数你选择了多少个 A、多少个 B、多少个 C 和多少个 D。
　　多数选择 A:表明你对来自外界的干扰、纠纷都持消极、退让的态度,即使属于自己的正当权益也不能予以维护,至于对周围发生的事情更是不分良莠,"睁一只眼,闭一只眼"。其实这并不是克制,而是逆来顺受、自我解脱。不了解你的人还可能以为你宽宏大度,了解你的人会认为你缺乏个性,如果你是小伙子,还可能被姑娘们认为是个"窝囊废"。
　　多数选择 B:表明你脾气暴躁,克制力又很差。你想怎么说就怎么说,想怎么干就怎么干,

时间长了会被认为是个缺乏修养的"粗鲁汉"。在人际关系上容易出现危机,搞不好还要惹出事端。有时人们也可能敬你三分,但那并不是由衷地佩服你。

多数选择 C:说明你有较强的克制力,不至于激化生活中出现的矛盾。不过你这种克制在多数情况下并不是真正意义上的控制消极情绪的锻炼,而是一种隐蔽、转移等变相发泄。与人相处天长日久,会使人感到缺乏诚意,也不够坦率,并由此对你敬而远之。

多数选择 D:说明你有很好的克制力,克制的方法好,社会效果也蛮不错。你宽宏大度、以诚待人的品格,受到人们(其中也包括起初对你怀有"敌意"的人)的尊重。在人际关系上你是个有雅量的人。

## 自我控制实训二

### 情商小测试:自我控制能力测试

【说明】这一测验包括 15 道选择题,每题有 A、B、C 三个备选答案。请你在理解题意后,尽可能快地选择最符合或接近你实际情况的那个项目,填在问题的括号内。请注意,这是要求你填写自己的真实想法和做法,而不是问你哪个答案最正确,备选项目也没有好坏之分。不要猜测哪个答案是正确的或是哪个答案是错误的,以免测验结果失真。

1. 你烦躁不安时,你知道是什么事情引起的吗?(　　)
   A. 很少知道　　　　　　B. 基本知道　　　　　C. 有时知道
2. 当有人突然出现在你的身后时,你的反应是什么?(　　)
   A. 感受到强烈的惊吓　　B. 很少感受到惊吓　　C. 有时感受到惊吓
3. 当你完成一项工作或学习任务时,你感觉到轻松吗?(　　)
   A. 没有什么特别的感觉　B. 经常有这种体验　　C. 有时有这种体验
4. 当你与他人发生口角或关系紧张时,你是否体验到自己的不快呢?(　　)
   A. 能够　　　　　　　　B. 不能够　　　　　　C. 说不清楚
5. 当你专心致志地从事某项活动时,你知道这是你的兴趣所致吗?(　　)
   A. 知道　　　　　　　　B. 不知道　　　　　　C. 很少知道
6. 在你的生活中,你遇到过令你非常讨厌的人吗?(　　)
   A. 遇到过　　　　　　　B. 没遇到过　　　　　C. 说不清楚
7. 当你与家人或亲朋好友在一起的时候,你感到幸福和快乐吗?(　　)
   A. 感觉不到　　　　　　B. 说不清楚　　　　　C. 是的
8. 如果别人有意为难你,你感觉如何?(　　)
   A. 没有什么感觉　　　　B. 觉得不舒服　　　　C. 感到气愤
9. 假如你排队买东西等了很长时间,有人插队到你面前,你感觉如何?(　　)
   A. 没有什么感觉　　　　B. 觉得不舒服　　　　C. 感到气愤
10. 假如有人用刀子威胁你把所有的钱都交出来,你会感到害怕吗?(　　)
    A. 不害怕　　　　　　　B. 害怕　　　　　　　C. 也许害怕
11. 当别人赞扬你的时候,你会感到愉快吗?(　　)
    A. 说不清楚　　　　　　B. 愉快　　　　　　　C. 不愉快
12. 你遇到过特别令你佩服和尊敬的人吗?(　　)

A. 遇到过　　　　　　　B. 说不清楚　　　　　　　C. 没有遇到过

13. 假如你错怪了他人,事后你会感到内疚吗?（　　）

A. 不知道　　　　　　　B. 内疚　　　　　　　　　C. 不内疚

14. 假如你认识的一个人低级庸俗,但却好为人师,你是否会瞧不起他?（　　）

A. 不知道　　　　　　　B. 是的　　　　　　　　　C. 不会

15. 假如你不得不与你深爱的朋友分手,你会感到痛苦吗?（　　）

A. 说不清楚　　　　　　B. 肯定会　　　　　　　　C. 不会

**【评分标准】**

请你根据自己的选择,按照下面计分表算出自己的得分。

从第1题到第15题,每个选项对应得分不同,分别是:

| 题号选项 | 1 | 2 | 3 | 4 | 5 | 6 | 7 | 8 | 9 | 10 | 11 | 12 | 13 | 14 | 15 |
|---|---|---|---|---|---|---|---|---|---|---|---|---|---|---|---|
| A | 1 | 3 | 1 | 3 | 3 | 3 | 3 | 3 | 3 | 1 | 2 | 3 | 2 | 2 | 2 |
| B | 3 | 1 | 3 | 1 | 1 | 2 | 2 | 1 | 1 | 3 | 3 | 2 | 3 | 3 | 3 |
| C | 2 | 2 | 2 | 2 | 2 | 1 | 1 | 2 | 2 | 2 | 1 | 1 | 1 | 1 | 1 |

可以根据自己的分数高低,查看自己属于下列哪种类型。

1. 敏感型(36~45分)

这一水平的特征是能够准确、细致地识别自己的情绪,并能够认识到情绪发生的原因。但有可能会出现下面几种情况:

(1)悲观绝望型:虽然能清晰地识别到自我情绪状态,但却采取"不抵抗主义",被动地接受各种消极情绪,典型的将发展为抑郁症。

(2)乐天知命型:整天总是乐呵呵的,对各种情绪采取轻描淡写的态度。

(3)沉溺型:被卷入自己情绪的狂潮中无力自拔。

2. 适中型(26~35分)

这一水平的特征是能够识别自己的情绪冲动,能够区分各种基本情绪,但不能区别一些性质相似的情绪。例如,不能区分愤怒、悲哀、嫉妒等不同的情绪。只是体验为"难受",致使情绪区分模糊的原因有:

(1)体验情绪强度不够。

(2)不能准确地识别引发情绪产生的原因。

(3)掌握情绪词汇的数量太少。测试结果表明大约有60%的人处于这一水平。

3. 麻木型(15~20分)

这一水平的特征是很少有情绪冲动,对喜、怒、哀、乐等基本的情绪缺乏明确的区分。这种类型的人一般表现为冷漠无情,不能与他人进行正常的情感交流,是一种病态症状。

### 知识拓展

米开朗基罗说:"被约束的力才是美的。"我们说,被控制的情绪、情感才能够帮助你。

在20世纪60年代早期的美国,有一位很有才华、曾经做过大学校长的人,他出马竞选美国中西部某州的议会议员。此人资历很高,又精明能干、博学多识,看起来很有希望赢得选举的胜利。但是,在选举的中期,有一个很小的谣言散布开来:三四年前,在该州首府举行的一次教育大会中,他跟一位年轻女教师"有那么一点暧昧的行为"。这实在是一个弥天大谎,这位候选人对此感到非常愤怒,并尽力想要为自己辩解。由于按捺不住对这一恶毒谣言的怒火,在以后的每次集会中,他都要站起来极力澄清事实,证明自己的清白。其实,大部分选民根本没有听过这件事,但是,现在人们却越来越相信有那么一回事,真是越抹越黑。公众们振振有词地反问:"如果他真是无辜的,他为什么要百般为自己狡辩呢?"如此火上加油,这位候选人的情绪变得更坏,也更加气急败坏声嘶力竭地在各种场合下为自己洗刷,谴责谣言的传播。然而,这却更使人们对谣言信以为真。最悲哀的是,连他的太太也开始转而相信谣言,夫妻之间的亲密关系被破坏殆尽。最后他失败了,从此一蹶不振。

人们在生活中有时会遇到恶意的指控、陷害,会经常遇到种种不如意。有的人会因此大动肝火,结果把事情搞得越来越糟;而有的人则能很好地控制住自己的情绪,泰然自若地面对各种刁难和不如意,在生活中立于不败之地。如1980年美国总统大选期间,里根在一次关键的电视辩论中,面对竞选对手卡特对他在当演员时期的生活作风问题发起的蓄意攻击时,丝毫没有愤怒的表示,只是微微一笑,诙谐地调侃说:"你又来这一套了。"一时间引得听众哈哈大笑,反而把卡特推入尴尬的境地,从而为自己赢得了更多选民的信赖和支持,并最终获得了大选的胜利。

缺乏自我控制力的人想必已经明白,生活在社会中,为了更好地适应社会、取得成功,你有必要控制自己的情绪、情感,理智地、客观地处理问题。但是,控制并不等于压抑,积极的情感可以激励你进取上进,加强你与他人之间的交流与合作。如果你把自己的许多能量消耗在抑制自己的情感上,不仅容易患病,而且将没有足够的能量对外界作出强有力的反应。因而一个高情商的人应该是一个能成熟地调控自己情绪、情感的人。

## 自我控制实训三

### 情商小游戏:快乐木头人

【游戏目的】 在此游戏中,想让自己不动,避免落入同伴逗乐大作战中的圈套,就必须做到自我控制:控制我们的情绪、控制我们的行为。

【游戏人数】 不限。

【游戏过程】

1. 两人一组。一人扮演"木头人",另一人负责逗乐"木头人",使其不能保持"木头"状态。
2. 教师宣布游戏开始,指导语:"甩,甩,甩,我们都是木头人,不许说话不许笑,不许动"。
3. 教师讲解指导语的同时,同学们的手、脚都必须一起跟随指导语甩动。
4. 教师话音一落,扮演"木头人"的同学都得保持话音刚落时的动作,然后像木头人一样,谁都不能有任何动作。
5. 同伴想方设法逗木头人动。
6. 两人交换角色,再进行一次游戏。

【游戏讨论】 (提示)

1. 成为坚持时间最长的人,你此时此刻的感受如何?
2. 你是怎么做到"木头人"的? 在日常生活中你是如何控制自己的情绪的?

## 自我控制实训四

### 情商小游戏：失控

【游戏目的】 许多人希望掌握自己生活的各个方面，当事情失去了控制或者其他人为自己定下规矩要去遵守时，他们就会变得沮丧和愤怒。有些人难以控制这种愤怒，这就需要学会如何接受生活中看起来失控的事情了。本游戏可以让人们认识到自己不能控制一切，必须学会处理失控的事情，而不是向气愤和沮丧屈服。

【游戏适宜人群】 当事与愿违时很容易生气或沮丧的人(成年人)。

【游戏人数】 不限。但为了取得最好的效果，以 4～15 人为宜。

【游戏材料】 一些小奖品(包装好的，组员们喜欢的小物品)、一副骰子。

【游戏介绍】

在游戏开始前先收集一些小奖品，并用纸包装好。保证每个参与者都至少要有一个奖品，再加上一些额外的奖赏。把所有这些奖品放在桌上，让大家围在四周。告诉大家，这个游戏要分成两个不同的部分(第一部分完成前先不要解释第二部分)。

在游戏的第一回合，从一个人开始拿一副骰子，一次投出。如果他掷了一个双数，就可以挑选一件奖品，把它打开，放在前面的桌子上，让组里其他的人看见。如果没掷出双数，就把骰子传给下一个人，下一个人再争取掷出双数得到奖品。组里的每个人继续掷骰子，然后传给下一个人(收集双数的奖品)，直到中心的奖品被取光。最后，可能有的人会有两三个奖品，而有的人可能一个也没有。

游戏的第二回合：这部分是计时的(对于人数较少的组大约需要 5 分钟，人数多的话需要约 10 分钟)。像前面做的那样做这个游戏，只是这一次不是在掷出双数时从中间取走奖品，而是从组里其他人那里挑选一件奖品。游戏一直进行到截止时间。这一次，还是会有一些人得到的奖品比别人多。

这是一个有趣的、有活力的活动，要做好在兴奋时大喊大叫的准备。

【游戏讨论】（提示）

1. 如果"幸运之骰"老是掷不出的话你怎么做？
2. 你是否感觉已经控制了自己的生活？
3. 当你感到生活中一些事情失控或不公平时，你是如何处理的？
4. 是否有人对整个游戏感到愤怒，如果是这样，他是如何处理这种感觉的？

## 自我控制实训五

### 情商小游戏：好、坏、邪恶

【游戏目的】 确定人们处理怒气时常常用到的积极和消极的方法。讨论关于处理怒气的各种方式及其会对我们的生活产生什么影响。

【游戏适宜人群】 以一种对自己、对别人很危险或者对财物有破坏性的方式表达怒气的人们。

【游戏人数】 不限。

【游戏材料】 3×5 的卡片或者纸片,钢笔或铅笔,3 只小盒子。

【游戏介绍】

分给组里每个人一些纸片和一支笔,让他们在前方摆放三叠纸片,在其中一叠上面一张上写下"好",另一叠写"坏",第三叠写"邪恶"。

根据你对组员们的了解,设计一些会让他们为之气愤的剧情,而且一次读一个给他们听。或者,让组员们各自说出一个为之气愤的事情。

每读完一个剧情,每个人都要在"好"的纸片上写下一个处理愤怒的好的方式,在"坏"的纸片上写下坏的方式,在"邪恶"的纸片上写下邪恶的、应受谴责的方式。拿出三只标有好、坏、邪恶的盒子,让人们在写好之后把纸片分别放入对应的盒中。每个不同的剧情都这么做。

描述完所有情境,并且所有纸片都投进盒子里后,取出"邪恶"盒子,读出里面的纸片,一次一张。每读完一张,让人们举手表示自己曾这样表达过怒气,并描述发生了什么。此外,一起讨论这种方式处理情绪的后果或益处。对于"坏"盒子也是这么做,同样以这种方式处理完"好"盒子,游戏就结束了。

游戏结束后,我们可能发现,针对有些事情我们能够控制自己,选择好的处理方式;但是在另外一些事情上,我们也许很难很好地控制自己,从而选择了不好的甚至邪恶的处理方式,最终就可能导致不良的后果。

【游戏讨论】 (提示)

1. 你在活动中学到了什么?
2. 你常以好的、坏的还是邪恶的方式来表达自己的怒气? 为什么?
3. 对你来说哪种处理心中的怒气的方式最好?

## 知识拓展

### 掌握情绪的转换器

一天,一位很有名气的心理学教师在给学生上课时拿出一只十分精美的咖啡杯,当学生们正在赞美这只杯子的独特造型时,教师故意装出失手的样子,咖啡杯掉在水泥地上成了碎片,这时学生中不断发出了惋惜声。心理学教师指着咖啡杯的碎片说:"你们一定为这只杯子感到惋惜,可是这种惋惜也无法使咖啡杯再恢复原形。今后在你们生活中发生了无可挽回的事情时,请记住这只破碎的咖啡杯。"这是一堂很成功的素质教育课,学生们通过摔碎的咖啡杯懂得了,人在无法改变失败和厄运时,要学会接受它、适应它。

被称为世界剧坛女王的拉莎·贝纳尔,就是这位心理学教师的得意学生。她有一次在横渡大西洋途中突遇风暴,不幸在甲板上滚落,足部受了重伤。当她被推进手术室面临锯腿的厄运时,突然念起自己所演过的戏中的一段台词。记者们以为她是为了缓和一下自己的紧张情绪,可她说:"不是的! 是为了给医生和护士们打气。你瞧,他们不是太认真严肃了吗?"威廉·詹姆斯说:"完全接受已经发生的事,这是克服不幸之后迈出的第一步。"接受无法抗拒的事实,既然是第一步,那么有没有第二步? 有。拉莎手术圆满成功后,她虽然不能再演戏了,但她还能演讲。她的演讲,使她的戏迷再次为她鼓掌。

哲人说:"太阳底下所有的痛苦,有的可以解救,有的则不能,若有就去寻找,若无就忘掉它。"大发明家托马斯·爱迪生就是一个很好的榜样。1914年,他的实验室发生一场大火,损失超过200万美元,他一生的心血成果在大火中化为灰烬了。大火烧得最凶的时候,爱迪生的儿子查里斯在浓烟和废墟中发疯似地寻找他的父亲,他最终找到了。此时的爱迪生平静地看着火势,他的脸在火光摇曳中闪亮,他的白发在寒风中飘动着。"查里斯,你快去把你母亲找来,她这辈子恐怕再也见不着这样的场面了。"第二天早上,爱迪生看着一片废墟说道:"灾难自有它的价值,瞧,这不,我们以前所有的谬误过失都给大火烧了个一干二净,感谢上帝,这下我们又可以从头再来了。"火灾过去不久,爱迪生的第一部留声机就问世了。

拉莎·贝纳尔和爱迪生,在面对无法抗拒的灾难时,能跳出焦虑、悲伤的圈子又开始一个新的里程,这就是他们的情绪"转换器"在起作用。任何人遇上灾难,情绪都会受到影响,这时一定要操纵好情绪的转换器。面对无法改变的不幸或无能为力的事,就抬起头来,对天大喊:"这没有什么了不起,它不可能打败我。"或者耸耸肩,默默地告诉自己:"忘掉它吧,这一切都会过去!"紧接着就要往头脑里补充新东西,因为头脑每时每刻都需要东西补充,这种补充就能使情绪"转换器"发生积极作用。最好的办法是用繁忙的工作去补充、去转换,也可以通过参加有兴趣的活动去补充、去转换。如这时有新的思想、新的意识闪现出来,那就是最佳的补充和最佳的转换。物理学家普朗克在研究量子理论的时候,妻子去世,两个女儿先后死于难产,儿子不幸死于战争。普朗克不愿在怨悔中度过,便用加倍努力工作来转换自己内心巨大的悲痛。情绪的转换不但使他减少了痛苦,还促使他发现了基本量子,获得了诺贝尔物理学奖。

## 自我控制实训六

### 情商实验:Zung 氏焦虑自评量表系统(SAS)

"焦虑自评量表分析系统"是根据 Zung 于 1971 年编制的"焦虑自评量表"(Self-Rating Anxiety Scale,SAS)改编而成。该系统集心理学、精神病学、多元统计学、人工智能、计算机网络技术于一体,准确迅速地反映伴有焦虑倾向的被试的主观感受,为临床心理咨询、诊断、治疗以及病理心理机制的研究提供科学依据。本测验应用范围颇广,适用于各种职业、文化阶层及年龄段的正常人或各类精神病人。

【实验要求】

1. 独立的、不受任何人影响的自我评定。
2. 评定的时间范围,应强调是"现在或过去一周"。
3. 每次评定一般可在 10 分钟内完成。

填表注意事项:下面有 20 条文字,请仔细阅读每一条,把意思弄明白,然后根据你最近一个星期的实际情况在适当的选项上打√,每一条文字后有四个格,分别表示:

  A——没有或很少时间

  B——小部分时间

  C——相当多时间

  D——绝大部分或全部时间

| | |
|---|---|
| 1. 我平时容易紧张或着急 | (A) (B) (C) (D) |
| 2. 我无缘无故地感到害怕？ | (A) (B) (C) (D) |
| 3. 我容易心里烦乱或感到惊恐 | (A) (B) (C) (D) |
| 4. 我觉得我可能将要发疯 | (A) (B) (C) (D) |
| 5. 我觉得一切都很好 | (A) (B) (C) (D) |
| 6. 我手脚发抖打颤 | (A) (B) (C) (D) |
| 7. 我因为头疼、颈痛和背痛而苦恼 | (A) (B) (C) (D) |
| 8. 我觉得容易衰弱和疲乏 | (A) (B) (C) (D) |
| 9. 我觉得心平气和，并且容易安静坐着 | (A) (B) (C) (D) |
| 10. 我觉得心跳得很快 | (A) (B) (C) (D) |
| 11. 我因为一阵阵头晕而苦恼 | (A) (B) (C) (D) |
| 12. 我有晕倒发作，或觉得要晕倒似的 | (A) (B) (C) (D) |
| 13. 我吸气和呼气都感到很容易 | (A) (B) (C) (D) |
| 14. 我的手脚麻木和刺痛 | (A) (B) (C) (D) |
| 15. 我因为胃痛和消化不良而苦恼 | (A) (B) (C) (D) |
| 16. 我常常要小便 | (A) (B) (C) (D) |
| 17. 我的手脚常常是干燥温暖的 | (A) (B) (C) (D) |
| 18. 我脸红发热 | (A) (B) (C) (D) |
| 19. 我容易入睡并且一夜睡得很好 | (A) (B) (C) (D) |
| 20. 我做噩梦 | (A) (B) (C) (D) |

【计分规则】

正向计分题A、B、C、D按1、2、3、4分计；反向计分题按4、3、2、1计分。反向计分题号：5、9、13、17、19。

总分乘以1.25取整数，即得标准分，分值越小越好，分界值为50。

【实验讨论】（提示）

1. 你觉得自己是个焦虑的人吗？
2. 你是个能控制自己的人吗？
3. 通过实验，对你认识自己并学会控制自己有什么帮助？

### 知识拓展

#### 高效制怒三步曲

在完全接受了控制自我情绪的观点以后，你将会逐渐掌握控制和调整自己的情绪和行为的技巧。具体来说，高效制怒三步曲如下：

第一步，当别人的言行激起你心中的怒火时，不能允许它继续蔓延，此时，你要克制自己，冷静地对自己以往的行为进行一番回忆、评价，看看自己是否真的存在某些缺点，发怒是否有道理。

第二步,当怒火中烧时,要立即放松自己,尽量低估外因的伤害性。你可以给自己下达一个命令:"我要冷静,冷静,再冷静!"目的是把激怒的情境"看轻、看淡",避免正面冲突。当怒气稍降时,你要对刚才的激怒情境进行客观评价,反省自己的所作所为,看看自己到底有没有责任,发怒有没有必要。

第三步,把发怒由情绪中抽离,你就可以理性、冷静地看待它,思考它对你的意义,进而训练自己对愤怒情绪的控制,做到忍怒、消怒。

莎士比亚笔下的奥赛罗由于听信小人的谗言,没能冷静地思考事情的来龙去脉,而是怒发冲冠,回到家中不问青红皂白,把爱妻一剑送入黄泉。

当他觉悟时,为时已晚。最终,痛不欲生的奥赛罗也自尽身亡。

在这个世界上,最残忍的两个字就是:"后悔!"为了不让自己后悔,就必须懂得控制自己的情绪,不去做令人遗憾终生的事情。如果当时奥赛罗冷静下来,做一个理智的评估,就不会作出这样的傻事了。

怒气似乎是一种能量,如果不加以控制,它会泛滥成灾;如果稍加控制,它的破坏性就会大减;如果合理控制,就有可能减少"后悔"的机会。

在社会上生存,需要一定的智慧;想要活得更好,需要高情商,而要做到这一点,首先就要具备控制自我情绪的能力。或许,你不必达到"喜怒不形于色"的境界,但是,你绝对不能让愤怒成为最具破坏性和最恐怖的情感。

## 阅读材料

### 浅谈大学生情绪的自我控制

李育石　宋培培

情绪是判断个体心理是否健康的重要标准之一,是人类活动的重要环节。情绪的好坏影响个体的身体健康与智力发展,影响个体的人际关系与社会关系,影响个体的全面发展,甚至还会对社会产生一定的影响。大学生具有良好的情绪,才能积极地面对生活,正确地对待挫折与失败,不断增强自信心,加大在未来拼搏与奋斗中成功的筹码。相反,对于情绪不佳、心理不健康的学生而言,他们难以融入集体、适应环境,对未来失去信心,难以立足于社会,不利于今后的发展,甚至会一事无成。

**一、大学生情绪自我控制的现状**

为了更好地了解大学生的情绪现状,更直观地分析大学生的情绪状况,特采取社会调查的方法。

(一)调查目的

大学生是最容易受到情绪困扰的群体,为了更好地使大学生进行情绪的自我控制,更好地适应大学的学习生活,特开展此调查。通过调查,分析大学生的情绪特点,进行积极的健康心理情绪的培养,对于大学生以良好的状态生活、学习,并帮助他们实现自己的人生价值具有重要的现实意义。

(二)调查方法

文章采取随机抽样的方法,从大学生的现实情绪状况入手,分析了大学生的情绪自我控制现状。

(三)调查过程

本调查的资料主要来自"情绪状态调查问卷",对内蒙古工业大学大一、大二、大三在校学生进行问卷调查,采取当场填答、当场回收的方式进行,共发放问卷150份,实收问卷150份,确认有效问卷146份,其中,大一45份、大二47份、大三54份,有效问卷占总数的97%。

(四)调查结果

通过对150名在校大学生的调查得出:大学生的情绪波动变化较大,对情绪的自我控制并不容乐观。具体结果如下:

表1　　　　　　　　　　　　　　各年级情绪控制度比较

| 年级 \ 情绪控制度 | 占年级人数比例 | | | 占总人数比例 | | |
| --- | --- | --- | --- | --- | --- | --- |
| | 高 | 一般 | 低 | 高 | 一般 | 低 |
| 大一 | 13% | 71% | 16% | 4% | 23% | 5% |
| 大二 | 19% | 68% | 13% | 6% | 22% | 4% |
| 大三 | 15% | 67% | 17% | 5% | 25% | |

通过对三个年级的情绪控制度比较可以看出,大一学生情绪控制度较高的占年级人数的13%,情绪控制度较低的占年级人数的16%。大学新生都面临适应新环境的问题,由于学习和生活的不适应而产生了不安、苦闷、失落和孤独等不良情绪。特别是一些适应能力较差的大学生,这种不良的情绪体验往往会持续较长并由此形成情绪障碍。

通过纵向比较各年级的情绪控制度可以看出,多数同学的情绪自控表现为一般。随着知识水平的提高以及自控能力的不断增强,大学生能够自己控制自己的情绪,情绪呈稳定状态。另外,随着就业形式的日益严峻,人才竞争显得越来越激烈,许多大学生在面对就业压力时,产生一系列心理压力,主要表现出紧张、焦急的情绪。

表2　　　　　　　　　　　　　　男女情绪控制度比较

| 性别 \ 情绪控制度 | 高 | 一般 | 低 |
| --- | --- | --- | --- |
| 男 | 12% | 39% | 3% |
| 女 | 8% | 28% | 10% |

通过表2,对81名男同学和65名女同学情绪控制度比较可以看出,男生的情绪控制度要比女生的强。由于多数女生比较敏感,常常拘泥于小事,为一点小事或一次失败而愁眉不展,不善于情绪的转换和松弛。而多数男生能保持爽朗轻松的心情和理智的头脑,善于情绪的转换和控制,遇到困难会积极解决,以实际行动取代烦恼。

**二、大学生情绪自我控制调查结果分析**

(一)大学生常见的不良情绪

1. 焦虑情绪

焦虑是人们在遇到某些即将来临的事情,或者主观预料将会出现的后果时所产生的一种正常的情绪反应。主要表现为害怕、忧虑、烦恼、紧张等。适当焦虑情绪有利于激发人的创造力和潜能,但是焦虑过重也会影响身心的健康发展。学生的焦虑情绪主要体现在考试前后及考试过程中,对课程知识学习的不扎实、缺乏自信心、担忧考试结果等都会造成考试焦虑症。如果不及时排解和发泄焦虑情绪,就会伤害大学生的心理健康。

2. 抑郁情绪

抑郁是比焦虑更为强烈的一种心理情绪,是一种感到无力应付外界压力而产生的消极情绪,主要表现为情绪低落、兴趣丧失、自怨自责,感到生活无意义、前途无望,郁郁寡欢,不愿与人交往。某些消极厌世的情绪往往都是由于抑郁而产生的,情绪自我控制的程度将直接影响到抑郁的情绪产生和加强。

3. 愤怒

愤怒是当客观事物与人的主观愿望相悖,或者愿望一再受阻、无法实现时产生的强烈情绪反应。当外界事物不能满足主观意愿时,大学生往往比较愤怒,由于年轻气盛,容易冲动,他们在怒气之下丧失了自己的理智,难以控制自己的怒火。愤怒时,人能释放出一种有毒的气体,不利于个人的身心健康,也会影响到周围人的情绪。

4. 冷漠情绪

冷漠是一种对外界刺激不关心、退让的消极情绪体验。处于冷漠状态的学生对一切事物都表现出麻木不仁、漠不关心的态度。这些学生往往用冷漠来掩盖内心的痛苦、孤寂。克服冷漠最根本的方法是改变认知,正确认识自我与他人,发现生活的意义,发现自身价值,改变对人生的消极看法;从行为上,积极投身于各种有意义的活动中。

(二)大学生产生不良情绪的原因

1. 缺乏科学的价值观

部分大学生因缺乏科学的价值观及正确的价值目标,容易受社会上各种错误思想观念的影响。随着社会主义市场经济体制的确立以及社会的不断进步,社会上出现了多种价值取向,面对多种价值取向,大学生容易在思想认识和行为选择上出现矛盾,进而引发大学生价值取向的混乱。

2. 人际关系矛盾与情感问题

大学生在集体生活中能否顺利处理好情感问题,以及在集体生活中的人际关系的好坏,对他们心理情绪的正常发展将产生直接影响。同学关系处理不当,很容易引起大学生的烦恼和焦虑不安,不良情绪压抑过久,郁闷不振会导致精神崩溃等。

3. 学习及就业压力的影响

进入大学校园,一些学生感到学习和就业上的压力。在学习上,一部分大学生不适应大学里自主式的学习方式,对学习目标不明确,缺少学习动力,从而导致学习成绩下降。在就业上,随着社会竞争的日趋激烈,就业难给许多大学生造成了严重的心理压力。有的毕业生因面对就业难,或者是找的工作并不是自己所向往的行业等,也会产生焦虑等不良心理。

4. 家庭经济状况及家长所施压力的影响

对于家庭经济状况较差的大学生来说,高额学费以及生活的必要开销,给他们造成了沉重的心理负担。这种状况易导致学生对前途、对命运产生悲观失望的情绪,进而影响他们的学习,甚至会对学校、社会产生一些负面认识或强烈的不满。望子成龙、望女成凤是每个学生家长的最终愿望,所有的家长都希望自己的子女能够大有作为,但家长的这种美好心愿反而变成了学生沉重的心理负担。

5. 负性生活事件的影响

负性生活事件是指对一个人不能实现或丢失对他有重要意义的方面。大学期间的负性生活事件主要有：考试失败、评优失利、失恋或亲情缺失等。负性生活事件对大学生不良情绪的滋长与蔓延起着不容忽视的作用，如果不及时调整，容易引发一系列不良情绪。

### 三、大学生情绪自我控制的对策

首先，保持愉快的情绪。在严格要求自己的同时，还要承认每个人都有缺点，学会自我开脱和克制忍耐，自得其乐，增强自信。多点宽容，可以容忍自己和他人的不足和偶尔犯错，然后在错误中吸取教训和经验，提高自己。少点嫉妒，学会正确地看待自己和他人的优点和不足。遇到使人愤怒的事，应进行"冷处理"，这样会有助于缓和矛盾、化解愤怒以及保持情绪的稳定和行为的理智。

其次，积极克服不良情绪。人在遇到挫折时，难免出现不良情绪，在面对不良情绪时，首先要正确看待不良情绪，其次认真分析其产生的原因，再次寻找克服不良情绪的方法。

#### （一）遗忘调控

当人们因为某件事情而引起消极情绪时，最好的办法是快速把这件事遗忘，通过遗忘调控，让其他快乐的事情替换消极情绪的记忆，而让自己走出消极情绪的怪圈。

#### （二）转移注意力法

出现不佳情绪时，应尽快转移自己的注意力，做些自己喜欢做的事，如购物、打篮球、找朋友聊天等，这有助于情绪平静，并在新环境中寻找快乐。

#### （三）适度宣泄法

过分压抑只会加重不良情绪困扰，通过适度宣泄则可以把不良情绪释放出来，从而缓解紧张情绪。当生气和愤怒时，可以到空旷的地方去大喊几声，把心理的能量变为体力上的能力释放出去；再如，在过度痛苦和悲伤时，哭也不失为一种排解不良情绪的有效办法。另外，在内心充满烦恼时，可以向知心朋友和老师倾诉来使情绪疏泄。

#### （四）词语暗示法

当人处于不佳情绪时，可以用语言来调节自己的情绪。为了给自己加油，我们可以每天对自己说几遍"我能行"、"我是最好的"，这些积极的语言暗示都可以很好地调节消极情绪。

#### （五）音乐调节法

音乐可以通过人的听觉器官传入人体中，并和肌体的某些组织结构发生共鸣，促使人体分泌一些有益于健康的激素，激发人体的能量，从而起到调节情绪的作用。

#### （六）自我安慰法

遇到挫折、陷入困境时，进行适当的自我安慰，可以缓解心情以及消除焦虑、抑郁等情绪，有助于保持心情的愉快和平静。情绪调节与控制的方法有很多，要因人而异，根据个人的情绪状况、严重程度以及产生原因等对症下药，采取恰当的方法。此外，当个人情绪问题较为严重时，应及时寻求心理咨询机构帮助调节与治疗。

### 四、结论

由于大学生生理和心理的特殊性，他们的情绪变化和反应都比较强烈，培养大学生的情绪自我控制能力具有重要的现实意义。引导大学生建立由低级到高级、由生物本能到自我调控，再到个体与社会相统一的情绪控制系统，从而帮助他们选择调整自己情绪合适的方法，不断克服心理障碍，缓解心理压力，促进身心健康发展，进而迎接未来的更大挑战。

# 第四章　自我激励能力实训

### 案例导入

#### 坚信自己就是一块宝石

有一个孤儿，生活无依无靠，四处流浪。他既没有田地可以耕种，也没有金钱可以经商，他感到十分迷惘。

有一天，他走进了一座寺庙，去拜见那里的高僧。

孤儿说："我什么手艺都没有，该如何生活啊？"

高僧说："你为什么不去做些事情呢？"

"像我这样的人能做什么呢？"孤儿说。

高僧把他带到后院里一处杂草丛生的乱石旁，指着一块陋石说："你把它拿到集市上去卖吧。但要记住，无论多少人要买这块石头，你都不要卖。"

孤儿满腹狐疑，心想：这块石头虽然不错，但也不应该会有人花钱去买吧？尽管他心存疑虑，但他还是带着石头来到集市上，在一个不起眼的地方蹲下来叫卖石头。可是，那毕竟是一块普通的石头啊，根本没有人把它放在眼里。

第一天过去了，第二天过去了。

第三天，开始有人来询问；第四天，真的有人过来要买这块石头；第五天，那块石头已经能卖到一个很好的价钱了。

孤儿去找高僧，高僧说："你把石头拿到石器交易市场去卖，但还是要记住，无论多少钱都不要卖。"

孤儿把石头拿到石器交易市场。三天后，渐渐有人围过来问，接着，问价的人越来越多，石头的价格已被抬得高出了石器的价格，而孤儿依然不卖。越是这样，人们的好奇心越强，石头的价格还在不断地抬高。

孤儿又去找高僧，高僧说："你再把石头拿到珠宝市场去卖……"

珠宝市场又出现了同样的情况。到了最后，石头的价格被炒得比珠宝还要高。由于孤儿无论如何都不卖，那块石头更是被传扬为"稀世珍宝"。

对此,孤儿大惑不解,又去请教高僧。

高僧说:"世上人与物皆是如此,如果你认定自己是块陋石,那么,你可能永远只是一块陋石;如果你坚信自己是一块无价的宝石,那么,你就会成为一颗无价的宝石。"

人就像这块石头一样,每个人都隐藏着自己的信心,但是高情商者更容易发挥自信心。高僧其实就是在挖掘孤儿情商中的信心和潜力。就像那个孤儿一样,如果我们具有了自信心,还有什么做不到的呢?

# 第一节　自我激励概况

## 一、自我激励的含义

自我激励是指个体具有不需要外界奖励和惩罚作为激励手段,能为设定的目标自我努力工作的一种心理特征。德国专家斯普林格在其所著的《激励的神话》一书中写道:"强烈的自我激励是成功的先决条件。"人的一切行为都是受激励产生的,通过不断的自我激励,就会使你有一股内在的动力,朝所期望的目标前进,最终达到成功的顶峰。自我激励是一个人迈向成功的引擎。

自我激励就是利用情绪信息,整顿情绪,增强注意力,调动自己的精力和活力,适应性地确立目标,创造性地实现目标。自我激励就是上进心、进取心,就是确立奋斗目标并为之而积极努力。

自我激励意味"主动追求",对一个情商高的人来说,会主动完成自己的工作,而不是等着别人来安排或督促。面对困难能够一点一滴地从事自己的工作,坚定自己的信念,而不是抱着"干得了就干,干不了就算了"的心态。自我激励意味着"开放性学习",只有具有开放性学习品质,才能接受新的知识,不断地完善和充实自己的知识结构,而一个意识完全封闭的人,不可能有什么发展和进步。自我激励意味着"负责忠诚",对一个情商高的人来说,会履行自己的诺言,对行为负责,而不是推诿或找借口。

## 二、自我激励的方法

(一)树立远景

迈向自我塑造的第一步,是要有一个你每天早晨醒来为之奋斗的目标,它应是你人生的目标。远景必须即刻着手建立,而不要往后拖。你随时可以按自己的想法做些改变,但不能一刻没有远景。

(二)离开舒适区

不断寻求挑战激励自己。提防自己,不要躺倒在舒适区。舒适区只是避风港,不是安乐窝。它只是你心中准备迎接下次挑战之前刻意放松自己和恢复元气的地方。

(三)把握好情绪

人开心的时候,体内就会发生奇妙的变化,从而获得阵阵新的动力和力量。但是,不要总想在自身之外寻开心。令你开心的事不在别处,就在你身上。因此,找出自身的情绪高涨期,用来不断激励自己。

### (四)调高目标

许多人惊奇地发现,他们之所以达不到自己孜孜以求的目标,是因为他们的主要目标太小而且太模糊不清,使自己失去动力。如果你的主要目标不能激发你的想象力,那么目标的实现就会遥遥无期。因此,真正能激励你奋发向上的是确立一个既宏伟又具体的远大目标。

### (五)加强紧迫感

《感悟人生:20世纪》的作者阿耐斯(Anais Nin)曾写道:"沉溺生活的人没有死的恐惧。"自以为长命百岁无益于你享受人生。然而,大多数人对此视而不见,假装自己的生命会绵延无绝。唯有心血来潮的那天,我们才会筹划大事业,将我们的目标和梦想寄托在 Denis Waitley 称之为"虚幻岛"的汪洋大海之中。其实,直面死亡未必要等到生命耗尽时的临终一刻。事实上,如果能逼真地想象我们的弥留之际,会物极必反产生一种再生的感觉,这是塑造自我的第一步。

### (六)撇开不适当的朋友

对于那些不支持你目标的"朋友",要敬而远之。你所交往的人会改变你的生活。与愤世嫉俗的人为伍,他们就会拉你沉沦。结交那些希望你快乐和成功的人,你就在追求快乐和成功的路上迈出最重要的一步。对生活的热情具有感染力。因此,同乐观的人为伴能让我们看到更多的人生希望。

### (七)迎接恐惧

世上最秘而不宣的秘密是,战胜恐惧后迎来的是某种安全有益的东西。哪怕克服的是小小的恐惧,也会增强你对创造自己生活能力的信心。如果一味想避开恐惧,它们会像疯狗一样对我们穷追不舍。此时,最可怕的莫过于双眼一闭假装它们不存在。

### (八)做好调整计划

实现目标的道路绝不是坦途,它总是呈现出一条波浪线,有起也有落。但你可以安排自己的休整点。事先看看你的时间表,框出你放松、调整、恢复元气的时间。即使你现在感觉不错,也要做好调整计划,这才是明智之举。在自己的事业波峰时,要给自己安排休整点。安排出一大段时间让自己隐退一下,即使是离开自己爱的工作也要如此。只有这样,在你重新投入工作时才能更富激情。

### (九)直面困难

每一个解决方案都是针对一个问题的,二者缺一不可。困难对于脑力运动者来说,不过是一场场艰辛的比赛。真正的运动者总是盼望比赛。如果把困难看作对自己的诅咒,就很难在生活中找到动力。如果学会了把握困难带来的机遇,你自然会动力陡生。

### (十)首先要感觉好

多数人认为,一旦达到某个目标,人们就会感到身心舒畅。但问题是你可能永远达不到目标。把快乐建立在还不曾拥有的事情上,无异于剥夺自己创造快乐的权力。记住,快乐是天赋权利。首先就要有良好的感觉,让它使自己在塑造自我的整个旅途中充满快乐,而不要再等到成功的最后一刻才去感受属于自己的欢乐。

### (十一)加强排练

先"排演"一场比你要面对的事还要复杂的战斗。如果手上有棘手活而自己又犹豫不决的话,不妨挑件更难的事先做。生活挑战你的事情,你定可以用来挑战自己。这样,你就可以自己开辟一条成功之路。成功的真谛是:对自己越苛刻,生活对你越宽容;对自己越宽容,生活对你越苛刻。

(十二)立足现在

锻炼自己即刻行动的能力。充分利用对现时的认知力。不要沉浸在过去,也不要沉溺于未来,要着眼于今天。当然要有梦想、筹划和制订创造目标的时间。不过,这一切就绪后,一定要学会脚踏实地、注重眼前的行动。要把整个生命凝聚在此时此刻。

(十三)敢于竞争

竞争给了我们宝贵的经验,无论你多么出色,总会人外有人。所以你需要学会谦虚。努力胜过别人,能使自己更深地认识自己;努力胜过别人,便在生活中加入了竞争"游戏"。不管在哪里,都要参与竞争,而且总要满怀快乐的心情。要明白最终超越别人远没有超越自己更重要。

(十四)内省

大多数人通过别人对自己的印象和看法来看自己。获得别人对自己的反映很不错,尤其是正面反馈。但是,仅凭别人的一面之词,把自己的个人形象建立在别人身上,就会面临严重束缚自己的危险。因此,只把这些溢美之词当作自己生活中的点缀。人生的棋局该由自己来摆。不要从别人身上找寻自己,应该经常自省并塑造自我。

(十五)走向危机

危机能激发我们竭尽全力。无视这种现象,我们往往会愚蠢地创造一种追求舒适的生活,努力设计各种越来越轻松的生活方式,使自己生活得风平浪静。当然,我们不必坐等危机或悲剧的到来,从内心挑战自我是我们生命力量的源泉。圣女贞德(Joan of Arc)说过:"所有战斗的胜负首先在我的心里见分晓。"

(十六)精工细笔

创造自我,如绘巨幅画一样,不要怕精工细笔。如果把自己当作一幅正在描绘中的杰作,你就会乐于从细微处做改变。一件小事做得与众不同,也会令你兴奋不已。总之,无论你有多么小的变化,一丁点都对你很重要。

(十七)敢于犯错

有时候我们不做一件事,是因为我们没有把握做好。我们感到自己"状态不佳"或精力不足时,往往会把必须做的事放在一边,或静等灵感的降临。你可不要这样。如果有些事你知道需要做却又提不起劲,尽管去做,不要怕犯错。给自己一点自嘲式幽默。抱一种打趣的心情来对待自己做不好的事情,一旦做起来了,尽管乐在其中。

(十八)不要害怕被拒绝

不要消极接受别人的拒绝,而要积极面对。你的要求落空时,把这种拒绝当作一个问题:"自己能不能更多一点创意呢?"不要听见不要就打退堂鼓。应该让这种拒绝激励你更大的创造力。

(十九)尽量放松

接受挑战后,要尽量放松。在脑电波开始平和你的中枢神经系统时,你能感受到自己的内在动力在不断增加。你很快会知道自己有何收获。自己能做的事,不必祈求上天赐予你勇气,放松可以产生迎接挑战的勇气。

(二十)一生的缩影

塑造自我的关键是甘做小事,但必须即刻就做。塑造自我不能一蹴而就,而是一个循序渐进的过程。这儿做一点,那儿改一下,将使你的一天(也就是你的一生)有滋有味。今天是你整个生命的一个小原子,是你一生的缩影。

大多数人希望自己的生活富有意义。但是生活不在未来。我们越是认为自己有充分的时间去做自己想做的事,就越会在这种沉醉中让人生中的绝妙机会悄然流逝。只有重视今天,自我激励的力量才能汩汩不绝。

### 三、自我激励的境界

自我激励有两种境界,第一种仅仅顺应自己的特长,发展成为其从事领域的顶尖人物,以巴顿将军为代表。在第二次世界大战中,巴顿作为一个装甲师的中将,一直从诺曼底打到柏林,是战争之神。他把装甲战这种快速出击战术运用到了极致。有人评价巴顿就是为战争而生,是为战争胜利而生。这样的人非常敬业,是个天才。但是,他也很容易失去理智,不是一个帅才,他只能是一个将军。巴顿鞭打受伤逃兵的事件就很能说明这一点。在西西里战役期间,巴顿将军是第七集团军从杰拉直捣墨西拿的持续进击中的主要支柱。他绝对不能容忍拖延或任何借口的迟误,结果使该集团军得以迅速前进,这对早日粉碎西西里敌人的抵抗起到了很大的作用。在整个战役中,他对自己和对部下都一样严苛要求,致使他对个别士兵的要求近乎残酷。在他两次去医院看望伤病员时,都碰到了没有负伤而被送回后方的病号,他们患有通常所谓的"战斗忧虑症",具体来说就是精神失常,其中一人正在发烧。这两次他都一时暴躁,其中一次还动手打了人,并且把那个士兵的钢盔打落在地。他靠什么激励自己?胜利,胜利,胜利!战争,战争,战争!靠这种激励,他在战争年代会永远打到最后,是一个英雄。但是,他绝对达不到第二种境界。等到战争结束之后,巴顿就不知道下一步该做什么了,很快郁郁寡欢,最后在遭遇车祸后不久就死掉了。

第二种境界是顺应时代社会潮流而激励自己的行为,这种自我激励与第一种相较,其发展空间会越来越大。他们以丘吉尔、罗斯福为代表,还有巴顿的上司麦克阿瑟。他们也是为胜利而生的,但是,他们绝不是为战争而生。巴顿没有对人类的热爱,甚至我敢说他没有对美国人民的热爱,更没有对和平的热爱。像丘吉尔、罗斯福这样伟大的政治家,从法西斯的铁蹄下拯救了整个世界,靠的不是为战争胜利而生的信念来激发的,他们靠的是对民族、对整个人类、对人性的热爱,靠的是人性、人道。所以,丘吉尔不仅在战后当了首相,即使他不当首相后,他还是一个伟大的政治家,还是一个时代的英雄,永远不落伍,直到他去世。这两种人不同的结局、不同的暮年,证明了自我激励的两种境界。

### 四、自我激励的作用

激励是人对美好事物的向往、追求和希望,它能激发力量、引发智慧、鼓舞斗志。如果没有激励就不会有学习产生,就不会有相应的行为和产生良好的效果。对任何人来说,生命需要激励,学习更需要有激励。

美国有一位小说家写过一篇小说,叫作《最后一片叶子》。说的是一位年轻的艺术家得了严重的肺炎,生命垂危。她看着窗外的树叶一片一片地飘落,绝望地感到自己的病再也不会好转了。她认为当最后一片叶子落下时,她也将孤独地死去。而那最后一片树叶在寒风中随时可能被风吹落。

一片平常的树叶维系着一个艺术家的生命。一位好心的画家在寒风中画了一片不会凋落的树叶。靠着这片树叶,年轻人终于又产生了生的希望,战胜了疾病。如果没有这片蕴含着激励和希望的树叶,她很可能被病魔夺去脆弱的生命。这虽然是小说,却科学地反映出激励对人的生命力的重大作用。

美国心理学家罗森塔尔有一次来到一所中学,与一些同学谈了话以后,在学生名单中圈出了若干个名字,告诉老师说,这些学生很有天赋,前程远大(这些学生中,有优生,也有差生,还有平平常常的学生,是随机圈出的)。听了罗森塔尔的话,老师增强了信心,学生也产生了新的希望。过了一段时间,罗森塔尔再次来到这所中学,发现他圈名的学生全都有了很大的进步。事实证明,罗森塔尔正是运用激励的原理唤起了学生们的自信感,使他们产生了进步的力量。这就是教育心理学史上著名的罗森塔尔效应。

激励的力量得到过许多有力的佐证。美国有个病人得了癌症,病情严重。此时她已经怀孕,她唯一的愿望就是能够在癌症征服生命之前生下孩子。腹中的孩子是她最大的希望,给了她极大的激励,产生了极大的力量。为了孩子,她同疾病进行了顽强的斗争。她终于等到了孩子的出生。孩子出生后,对她的激励更大了——她要抚养孩子,让孩子长大。后来奇迹出现了,她的癌肿瘤渐渐缩小,最后完全消失了。

激励的力量来源于自我奋发向上的心理。如果自己以为不行,就不可能产生力量。有个心理学家做过这样一个实验,他给受试者进行催眠,然后,给一部分受试者进行暗示:你们有着非凡的力量;同时对另一些受试者进行相反的暗示,暗示他们疾病缠绕,衰弱不堪。在这两种不同的心态下,对他们进行握力的测试。结果,第一组的成绩非常出色,而第二组的成绩十分低下。

人生的成功与否,固然与外部环境有关,但是,更与自我激励有关,与自己的成功意识有关。科学家对创造型人才的调查和研究表明,创造型人才的一个主要特征是不怕失败,不迷信别人,不迷信权威。他们有一种强烈的自信心,美国的心理学家们曾进行过一项历时几十年的研究,他们对具有较高智力的学生进行长期的跟踪调查,发现有着相似智力、相似成绩的学生,几十年后的成就相差很大,究其原因,不是智力的差异,而是人格特征方面的不同。有成就的人大都坚定、努力,不怕困难,敢于怀疑,不迷信权威,自信力较强。正是这种自信、自励,使他们勇于实践、敢于坚持,最后取得成功。

自我激励是人在暗示作用下在心理上产生的一种积极向上、超越自我的心理历程。有一个名叫芳芳的小女孩,从小就是胆小鬼,从不敢参加体育活动,生怕受伤。但是当她参加了几次心理辅导以后,竟然敢参加潜水、跳伞等冒险运动。她的转变让许多人感到吃惊,她对人们说:"通过几次心理辅导,我知道了我胆小的原因,我学会了自我激励,开始把自己想象成勇敢的高空跳伞者,并战战兢兢地跳了一回伞,结果朋友们对我的看法变了,认为我是一个精力充沛、喜欢冒险的人。后来,又有一次高空跳伞的机会,我认为这是改变自己的好机会,心里一直对自己说:我就是最勇敢的女孩,我什么都不怕。当飞机上升到 15 000 米高空时,我发现那些从来没有跳过伞的同伴们的样子很有趣,他们一个个都极力使自己镇定下来,故作高兴地控制内心的恐惧。我想:以前我就是这样子的吧!刹那间,我觉得自己变了。我第一个跳出机舱,从那一刻起,我觉得自己成了另外一个人。"

自我激励使芳芳发生了巨大的改变,她逐渐地淡化掉以往的自我认识,给自己以新的激励,从而在内心深处想好好表现一番,以尝试成功的喜悦。最终芳芳从一个胆小鬼变成一位敢于冒险、有能力去体验人生的新女性。她的这一变化,必将影响她以后的生活,也必将使她的学习、事业获得成功。

一个人能否自觉地进行自我激励,对其一生的影响是大不一样的。1944 年美国有个名叫约翰·戈达德的少年,他把一生想干的大事列了一张表,作为他一生的志愿。

他想要干的事情有:"到尼罗河、亚马孙河和刚果河探险,登上珠穆朗玛峰、乞力马扎罗山和麦特荷思山;驾驭大象、骆驼、鸵鸟和野马;探访马可波罗和亚历山大一世走过的道路;主演一部《人猿泰山》那样的电影;驾驶飞行器起飞降落;读完莎士比亚、柏拉图和亚里士多德的著作;谱一部乐曲;写一本书;游览全世界的每一个国家;结婚生子;参观全球……"每一项都编了号,一共有127个目标。

现在约翰·戈达德在经历了8次死里逃生和难以想象的艰难困苦后,已经完成了其中的106个目标。他的下一个目标是游览中国。正是这种奋发向上的自我激励精神,才使他的生命充满了力量。

## 第二节　自我激励实训项目

现在人们的学习和工作都有很大的压力,在压力之下容易产生挫折感,如果你实在找不到自己学习或工作的价值感,不妨试试看以下几个小步骤。

第一,抓住空当,磨炼你的热情。

即使一天只有15分钟也好,每天花一点时间在自己最喜欢的兴趣上,比如利用上班前和另一半吃顿早餐;晚饭后整理阳台上的花花草草,或上网和计算机玩15分钟的围棋。如此会让你更容易找回对工作的热情。

第二,写下让你感到骄傲的努力。

准备一张小卡片,每天至少写下3件让你感到骄傲的事情。这里指的不是你今天又接到一笔多大的案子,而是当你已经付出百分之百的努力去准备,即使最后提案并没有通过,也应该写下来鼓励自己。如果你真的想不出来自己到底做了哪些努力,或许可以找个值得信任的同事帮助你。

第三,准备一个"奖状"公布栏。

在家里找一面你每天最常经过的墙,挂上一个小小公布栏,把所有能够展现自我价值的"奖状"都贴在上面:比如说辛苦设计的提案报告封面;被老板称赞的一封E-mail;生日时同事合送你的干花。每天经过看一眼,你就能吸收它带给你的正面能量。当然也要记得每个月更新。

第四,专注于如何解决问题。

停止任何负面的、责备自己的想法,专注于如何解决问题。或许在电话或计算机旁贴一个禁止标志,可以提醒自己不要陷入负面的思考中。

除此以外,还可以通过一些游戏或实验来进行自我激励。

### 自我激励实训一

**情商小游戏:发挥自身潜能的培训游戏**

人的大脑是非常神奇的,它里面存储着很多东西,比如说有一天你就会突然想起一件很久很久以前发生的事情。

**【游戏规则和程序】**

人类的大脑是人们至今没有探寻清楚的领域之一,它就像一台计算机一样,存储着很多我们曾经经历过和学习过的东西,有些事你以为自己已经遗忘的,却会突然在某些时候想起它。

老师告诉大家他将会给大家演示这一理论的正确性。

老师问大家:"谁能告诉我你们一年级班主任的名字?"对于这一练习的实践说明,至少有3/4的学生会记得。

另一个方法是问学生他们小时候邻居家小朋友的姓名。

【相关讨论】

你是什么时候最后一次会想到你的一年级班主任的姓名?为什么这个姓名会那么快地钻进你的脑海里面?

为什么有很多事情会一直在脑海里停留,而有一些东西却很快就会被我们忘记?鉴于记忆的这些特性,我们如果想要记住某些东西的话,应该怎么做?

【总结】

实际上,人的大脑的存量应该是有限的,我们总是在无意识地存储或删除某些东西,总是那些能够给我们留下深刻印象的人或物能够长时间地占据我们的脑容量。

一旦我们想要记住某些比较重要的东西的时候,我们可以采取各种方法,例如联想法,然后不断地重复联想,以达到记住它的目的。

## 知识拓展

### 自我激励就是给自己一个希望

有个叫布罗迪的英国教师,在整理阁楼上的旧物时,发现了一叠练习册,它们是皮特金中学B(2)班31位孩子的春季作文,题目叫《未来我是……》。他本以为这些东西在德军空袭伦敦时被炸飞了,没想到它们竟安静地躺在自己家里,并且一躺就是25年。

布罗迪随手翻了几页,很快被孩子们千奇百怪的自我设计迷住了。例如:有个叫杰克的学生说,未来的他是海军大将,因为有一次他在海中游泳,喝了3升海水,都没能淹死;还有一个叫亨瑞的说,自己将来必定是法国的总统,因为他能背出25个法国城市的名字,而同班的其他同学最多的只能背出7个;最让人称奇的,是一个叫戴维的盲学生,他认为,将来他必定是英国的一个内阁大臣,因为在英国还没有一个盲人进入内阁。总之,31个孩子都在作文中描绘了自己的未来。有当驯狗师的;有当领航员的;有做王妃的……五花八门,应有尽有。

布罗迪读着这些作文,突然有一种冲动——何不把这些本子重新发到同学们手中,让他们看看现在的自己是否实现了25年前的梦想。当地一家报纸得知他的这一想法后,为他发了一则启事。没过几天,书信便向布罗迪飞来。他们中间有商人、有学者及政府官员,更多的是没有身份的人,他们都表示,很想知道儿时的梦想,并且很想得到那本作文簿,布罗迪按地址一一给他们寄去。

一年后,布罗迪身边仅剩下一本作文簿没有人索要。他想,这个叫戴维的人也许死了。毕竟25年了,25年间是什么事都会发生的。

就在布罗迪准备把这个本子送给一家私人收藏馆时,他收到内阁教育大臣布伦克特的一封信。他在信中说,那个叫戴维的就是我,感谢您还为我们保存着儿时的梦想。不过我已经不需要那个本子了。因为从那时起,我的梦想就一直在我的脑子里,我没有一天放弃过。25年过去了,可以说我已经实现了那个梦想。今天,我还想通过这封信告诉我其他的30位同学,只要不让年轻时的梦想随光阴飘逝,成功总有一天会属于你。

布伦克特的这封信后来被发表在《太阳报》上,因为他作为英国第一位盲人大臣,用自己的行动证明了一个真理:假如谁能把15岁时想当总统的愿望保持25年,那么他现在一定已经是总统了。

希望就是如此给人信念与信心。希望是春天的一抹绿色、一株绿苗、一朵粉色花蕾……它让我们感受到生活的美好,让我们热爱生活。希望激励我们向着一切美好前行。排除路上的一切障碍,心中长存希望,是自我激励的一个好方法。

## 自我激励实训二

### 情商小测试:自我激励信心度测试

第1～25题:请如实选答下列问题,将答案填入右边横线处。

1. 我有能力克服各种困难:_____
   A. 是的　　　　　　B. 不一定　　　　　　C. 不是的
2. 如果我能到一个新的环境,我要把生活安排得:_____
   A. 和从前相仿　　　B. 不一定　　　　　　C. 和从前不一样
3. 一生中,我觉得自己能达到我所预想的目标:_____
   A. 是的　　　　　　B. 不一定　　　　　　C. 不是的
4. 不知为什么,有些人总是回避或冷淡我:_____
   A. 不是的　　　　　B. 不一定　　　　　　C. 是的
5. 在大街上,我常常避开我不愿打招呼的人:_____
   A. 从未如此　　　　B. 偶尔如此　　　　　C. 有时如此
6. 当我集中精力工作时,假使有人在旁边高谈阔论:_____
   A. 我仍能专心工作　B. 介于A、C之间　　　C. 我不能专心且感到愤怒
7. 我不论到什么地方,都能清楚地辨别方向:_____
   A. 是的　　　　　　B. 不一定　　　　　　C. 不是的
8. 我热爱所学的专业和所从事的工作:_____
   A. 是的　　　　　　B. 不一定　　　　　　C. 不是的
9. 气候的变化不会影响我的情绪:_____
   A. 是的　　　　　　B. 介于A、C之间　　　C. 不是的
10. 我从不因流言蜚语而生气:_____
    A. 是的　　　　　　B. 介于A、C之间　　　C. 不是的
11. 我善于控制自己的面部表情:_____
    A. 是的　　　　　　B. 不太确定　　　　　C. 不是的
12. 在就寝时,我常常:_____
    A. 极易入睡　　　　B. 介于A、C之间　　　C. 不易入睡
13. 有人侵扰我时,我:_____
    A. 不露声色　　　　B. 介于A、C之间　　　C. 大声抗议,以泄己愤
14. 在和人争辩或工作出现失误后,我常常感到震颤、精疲力竭而不能继续安心工作:

A. 不是的　　　　　　　B. 介于A、C之间　　　C. 是的
15. 我常常被一些无谓的小事困扰：_____
A. 不是的　　　　　　　B. 介于A、C之间　　　C. 是的
16. 我宁愿住在僻静的郊区,也不愿住在嘈杂的市区：_____
A. 不是的　　　　　　　B. 不太确定　　　　　　C. 是的
17. 我被朋友、同事起过绰号和挖苦过：_____
A. 从来没有　　　　　　B. 偶尔有过　　　　　　C. 这是常有的事
18. 有一种食物使我吃后呕吐：_____
A. 没有　　　　　　　　B. 记不清　　　　　　　C. 有
19. 除去看见的世界外,我的心中没有另外的世界：_____
A. 没有　　　　　　　　B. 记不清　　　　　　　C. 有
20. 我会想到若干年后有什么使自己极为不安的事：_____
A. 从来没有想过　　　　B. 偶尔想到过　　　　　C. 经常想到
21. 我常常觉得自己的家庭对自己不好,但是我又确切地知道他们的确对我好：_____
A. 否　　　　　　　　　B. 说不清楚　　　　　　C. 是
22. 每天我一回家就立刻把门关上：_____
A. 否　　　　　　　　　B. 不清楚　　　　　　　C. 是
23. 我坐在小房间里把门关上,但我仍觉得心里不安：_____
A. 否　　　　　　　　　B. 偶尔是　　　　　　　C. 是
24. 当一件事需要我作决定时,我常觉得很难：_____
A. 否　　　　　　　　　B. 偶尔是　　　　　　　C. 是
25. 我常常用抛硬币、翻纸、抽签之类的游戏来预测凶吉：_____
A. 否　　　　　　　　　B. 偶尔是　　　　　　　C. 是

第26～29题：下面各题,请按实际情况如实回答,仅需回答"是"或"否"即可,在你选择的答案下打"√"
26. 为了工作我早出晚归,早晨起床我常常感到疲惫不堪：是_____否_____
27. 在某种心境下,我会因为困惑陷入空想,将工作搁置下来：是_____否_____
28. 我的神经脆弱,稍有刺激就会使我战栗：是_____否_____
29. 睡梦中,我常常被噩梦惊醒：是_____否_____

第30～33题：本组测试共4题,每题有5种答案,请选择与自己最切合的答案,在你选择的答案下打"√"。

答案标准如下：　　　　　　　　　1　　　2　　　3　　　　4　　　　　5
　　　　　　　　　　　　　　　　从不　几乎不　一半时间　大多数时间　总是
30. 工作中我愿意挑战艰巨的任务。　　　　　　　　　　　1　2　3　4　5
31. 我常发现别人好的意愿。　　　　　　　　　　　　　　1　2　3　4　5
32. 能听取不同的意见,包括对自己的批评。　　　　　　　1　2　3　4　5
33. 我时常勉励自己,对未来充满希望。　　　　　　　　　1　2　3　4　5

【参考答案及计分评估】

计分时请按照记分标准,先算出各部分得分,最后将几部分得分相加,得到的那一分值即为你的最终得分。

第1~9题,每回答一个A得6分,回答一个B得3分,回答一个C得0分。计_____分。

第10~16题,每回答一个A得5分,回答一个B得2分,回答一个C得0分。计_____分。

第17~25题,每回答一个A得5分,回答一个B得2分,回答一个C得0分。计_____分。

第26~29题,每回答一个"是"得0分,回答一个"否"得5分。计_____分。

第30~33题,从左至右分数分别为1分、2分、3分、4分、5分。计_____分。

总计为_____分。

得分在90分以下:你的自我激励信心度较低,你常常不能控制自己,你极易被自己的情绪所影响。很多时候,你容易被激怒、动火、发脾气,这是非常危险的信号——你的事业可能会毁于你的急躁,对于此,最好的解决办法是能够给不好的东西一个好的解释,保持头脑冷静,使自己心情开朗,正如富兰克林所说:"任何人生气都是有理的,但很少有令人信服的理由。"

90~129分:你的自我激励信心度一般,对于一件事,你不同时候的表现可能不一,这与你的意识有关,你比前者更具有自我激励信心度意识,但这种意识不是常常都有,因此需要你多加注意、时时提醒。

130~149分:你的自我激励信心度较高,你是一个快乐的人,不易恐惧担忧,对于工作你热情投入、敢于负责,你为人更是正义正直、同情关怀,这是你的优点,应该努力保持。

150分以上:你就是个自我激励信心度高手,你的情绪智慧不止是你事业的阻碍,更是你事业有成的一个重要前提条件。

## 知识拓展

### 自我激励名人格言

1. 人生的目标不应是祈求风平浪静,而是要造一艘大船,破浪前行。
2. 人生两大悲剧:一是万念俱灰,另一是踌躇满志却只想不做。
3. 食物的价值取决于它的稀缺程度,而不是重要性。——《穷人缺什么》
4. 在过程中打败自己,在结果上打败别人。
5. 我们一生一共能拥有多少次改变自己的机会。
6. 人生如同一场戏,既然都是唱,都要花费同样的力气,还不如选个大舞台和好角色,痛痛快快演一场。
7. 我不想成为社会所规定的样子、父母所期盼的样子,我要成为自己喜欢的样子。
8. 觉得自己做得到和做不到,其实只在一念之间。自己要先看得起自己,别人才会看得起你。
9. 要走窄门,因为引到灭亡,那门是宽的,路是大的,去的人也多。引到永生,那门是窄的,路是小的,找着的人也少。

10. 不被嘲笑的梦想,是不值得被实现的。
11. 最发光的梦想,往往是坚持以后才得到的。
12. 总是有人要赢的,那为什么不能是我呢。——科比
13. 什么样的选择决定了什么样的生活。
14. 伴随着你的成长,总有人会站出来告诉你世界就是这个样子的,你只能去接受它,循规蹈矩地去生活,不要总是企图挑战既定的规则,找一份工作,成家立业,赚一些钱。可是生活要远比你想象的丰富,你只需要牢记一个简单的道理,你周围的世事,所谓的生活都是由一些不比你聪明的人创造的,你可以创造属于你自己的事物,你可以去改变这个世界。——乔布斯
15. 轻松的道路往往会越走越艰难,而艰难的道路往往会越走越轻松。
16. 贫居闹市无人问,富在深山有远亲。
17. 人生就像是鸡蛋,如果是外力推着你走,那么你一定会被打碎;如果是内力推动着我们,我们会获得新的人生。
18. 我努力奋斗的原因是,我不想把世界让给那些我所鄙视的人。
19. 成功不是实现了梦想,而是捍卫梦想到最后一刻。
20. 能成功的不是出拳最大力的那一个,而是能经受住拳头最多的那一个。
21. 人们不是嘲笑你的梦想,而是嘲笑你的实力。
22. 只有那些疯狂到以为自己能够改变世界的人,才能真正地改变世界。
23. 世界上只有错位的人,而没有无用的人。
24. 能否自律是将富人、穷人和中产阶级区分开来的首要因素。
25. 生活不能等别人来安排,要自己去争取和奋斗。而不论其结果是喜是悲,但可以慰藉的是,你总不枉在这世界上活了一场。——《平凡的世界》
26. 最发光的梦想,往往是坚持以后才得到的。——饶雪漫
27. 我们要在未来的痛苦面前,毫不畏缩,坚持到神志丧失的时刻。——王小波
28. 我或许败北,或许迷失自己,或许哪里也抵达不了,或许我已失去一切,任凭怎么挣扎也只能徒呼奈何,或许我只是徒然掬一把废墟灰烬,唯我一人蒙在鼓里,或许这里没有任何人把赌注下在我身上。无所谓。有一点是明确的:至少我有值得等待、值得寻求的东西。——村上春树

## 自我激励实训三

### 情商小游戏:自我夸奖

【游戏目标】 提高学生的自信心;训练学生的表达能力。
【游戏程序】

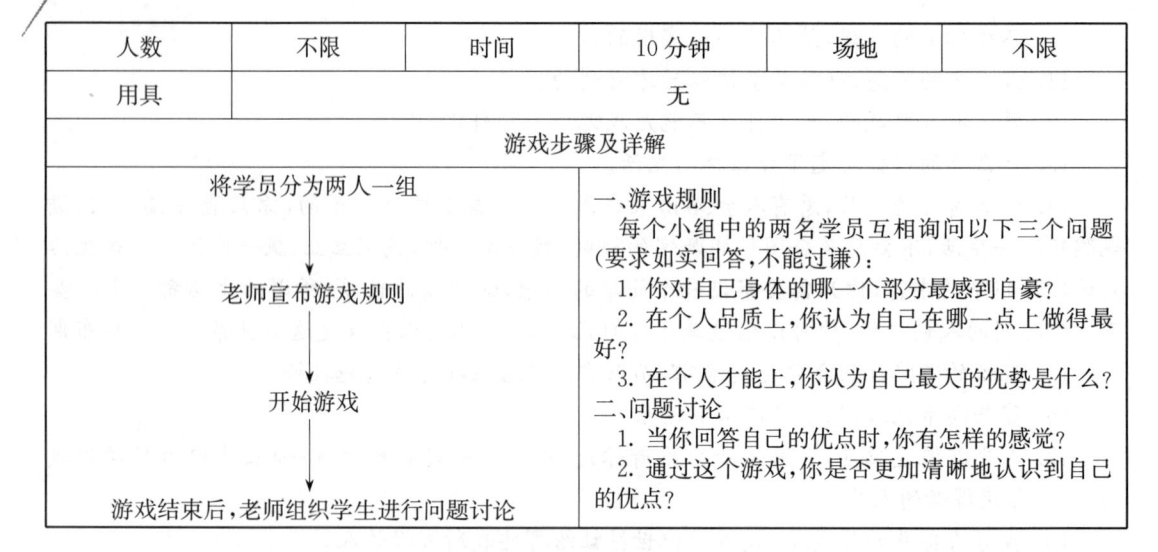

| 人数 | 不限 | 时间 | 10分钟 | 场地 | 不限 |
|------|------|------|--------|------|------|
| 用具 | 无 ||||||
| 游戏步骤及详解 ||||||
| 将学员分为两人一组<br>↓<br>老师宣布游戏规则<br>↓<br>开始游戏<br>↓<br>游戏结束后，老师组织学生进行问题讨论 | 一、游戏规则<br>　　每个小组中的两名学员互相询问以下三个问题（要求如实回答，不能过谦）：<br>　　1. 你对自己身体的哪一个部分最感到自豪？<br>　　2. 在个人品质上，你认为自己在哪一点上做得最好？<br>　　3. 在个人才能上，你认为自己最大的优势是什么？<br>二、问题讨论<br>　　1. 当你回答自己的优点时，你有怎样的感觉？<br>　　2. 通过这个游戏，你是否更加清晰地认识到自己的优点？ |||||

　　你的父母、环境、其他人和生活中发生的事情都给你对自己的看法带来深刻的影响。不过，任何情况和环境的结合都无法完全决定你对自己的印象。因为自我印象的形成与发生在我们身上的事没有太多的关系。坚强肯定的自我形象可以造就出你能面对生活中任何障碍的性格。

　　只要你喜欢自己、相信自己，你就可以用信心、希望和勇气去应付失望和令人沮丧的局面。你可以勇往直前，做你想做的人。

### 知识拓展

诗文——我的梦想

一直梦想着养条大狗，从幼犬直到它老去。
苦于工作时间和居住条件的不允许，计划无限期延后着。
足够的狗粮、水和窝给它，是不是就算养了呢？
想想不是。
需要分给你一些时间，陪你出去走走，小心地牵好绳，不要打扰邻里孩子们玩耍。
需要分给你一些时间，让你慢慢改变那些我暂时接受不了的习惯。
需要分给你一些时间，照顾你，带你打针，给你洗澡。
愿意与你分享我的所有，但你不可以在我们的地板上方便，也不可以咬破我们的布艺沙发。
即便被你伤害，也要忍耐着不过分训斥。
毕竟，你不是故意的。
有时候你是真的不懂。我需要耐心，并且给你时间。
从你的眼神里我看到了你的自责。

事后，还需要你陪我一起打完剩下的几次狂犬病疫苗。

有时候不得不为了你,办理必要的宠物运输手续。

也不得不为了你,放弃一些远行的机会。

只是从此我的身影不再孤单,甚至可以在邻里孩子们的大呼小叫中微笑着走过。

多么希望你现在就在沙发上吐着舌头,朝向电视不时竖起耳朵,懒懒地靠着我。

你知道,我们相互给予的,别人给不了。

所以你就是你,我还是我,别人替代不了。

你给了我忠诚,你的从一而终。

在危险的时候,甚至是你的生命。

你对我的好,不是我应得的。

是我努力之后,所得到的意外惊喜。

这不求回报的付出,却必然会得到的惊喜,也是梦想的源泉。

所以,

一直梦想着和你在一起……

一直梦想着去哪里……

一直梦想着做什么……

这也是我生存的价值。

现实中总是存在很多更重要的事情,埋没了很多我不断追寻的你——我的梦想。

也许是父母家人;

不知从什么时候开始,他们的步伐蹒跚起来;有时候他们垂老的身躯比你更离不开我。

也许是一个女人;

这是一个给了我全部信任和所有理想的女子;有时候她柔弱的身躯比你更需要我的关怀。

或许是孩子;

为此我必须好好地、认真地筹划生活,付出更多的精力和责任,就如同我对大狗的用心照顾一样。

还有最重要的,是我自己,我还需要更加坚强的意志和坚实的臂膀。

并不是不想拥有梦想,只是希望,能在正确的时候,做正确的事,且做到最好。

你不断幻化的身影,总是让我失去追逐的方向。

也许和你在一起……去哪里……做什么……都只是你的影子。

有时即便只是想一想,心里都会忧伤。

后来,我开始尝试捕捉你的踪迹,试着描绘你的身影。

再后来,某个清晨。

依稀记得梦里你微笑着对我说:"我们一直在这里等着你。"

"来了来了。"

看着身边熟睡的妻子和慵懒的老狗,老人笑着回答。

## 自我激励实训四

### 情商小游戏：模拟泰坦尼克号

【游戏目的】 促使游戏参与者学会就地取材以达成目标；激励游戏参与者的创造力和主观能动性。

一个人在紧急情况下才能更好地发挥其潜在的创造力和主观能动性，下面的游戏将帮助我们练习在遇到困难时，如何做计划、如何合作以及如何有效地利用有限的资源。

【游戏规则和程序】

老师给大家讲下面一个故事：泰坦尼克号即将沉没，船上的乘客（学生）须在《泰坦尼克号》的音乐结束之前利用仅有的求生工具——七块浮砖——逃离到一个小岛上。

老师指导学生布置游戏场景：将 25m 的长绳在空地上摆成一个岛屿形状，在另一边，摆 4 个长凳，用另外的绳子作为起点。

给学生 5 分钟时间讨论和试验。

出发时，每一个人必须从长凳的背上跨过（就如同从船上的船舷栏杆上跨过），踏上浮砖。在逃离过程中，船员身体的任何部分都不能与"海面"——地面——接触。

自离开"泰坦尼克号"起，在整个的逃离过程中，每块浮砖都要被踩住，否则老师会将此浮砖踢掉。

全部人到达小岛之后，并且所有浮砖被拿到小岛上，游戏才算完成。

【相关讨论】

1. 你们组可以想出什么样的办法来达成目标？
2. 小组是否确定出领导者？是根据什么确定的？撤离方案的形成是领导的决定还是小组讨论的结果？
3. 你们的方案是否坚决贯彻到底了？中间发生了什么变化？为什么？
4. 事后回顾当初的方案觉得是否可行？有更好的方案吗？为什么当时没有想到或没有提出来？
5. 小组是如何分配组员撤离的先后次序的？考虑到了什么因素？

【总结】

如何应付突如其来的紧急情况，反映了一个人头脑的清醒程度和他的应变能力；同时，如何利用有限的资源更大程度地达成我们的目的，也是观察一个人想象力和创造力的最好途径。

在我们面临危险的时候，每个人都会有不同的想法，此时就需要出现一个领导者的角色，否则大家七嘴八舌、互相不服，最后只会使得整个集体都受到损失。如何选择这个领导者是一个很关键的问题，但是关键的关键是此人一定要能够服众，让大家都听他的。

【参与人数】 10~12 人一组。

【时间】 30 分钟。

【场地】 教室。

【道具】 木砖 24 块（每组 6 块），4 张椅子，两条长绳（25m）。

## 自我激励实训五

### 情商小游戏:再撑一百步

【参与人数】 不限。
【时间】 30分钟。
【场地】 不限,最好在户外。
【游戏介绍】 本游戏通过讲故事的形式,让学员理解"激励"的重要性。这个故事采取生动的比喻,将管理学中的"激励"向学生娓娓道来,并对他们的行为有所启发,可以指导他们的学习和工作。
【游戏规则和程序】
让学生们坐好,尽量采用让他们舒服和放松的姿势。
教师给学生讲述如下的故事:
美国华盛顿山的一块岩石上,立下了一个标牌,告诉后来的登山者,那里曾经是一个女登山者躺下死去的地方。她当时正在寻觅的庇护所"登山小屋"只距她100步而已,如果她能多撑100步,她就能活下去。
讲完故事后,让学员们就此故事展开讨论,让他们讲讲听完这个故事后得到什么启发。
【相关讨论】
1. 你觉得这个故事怎么样?
2. 从这个故事中你得到什么启发?
3. 你对"自我激励"有什么新认识?
【总结】
1. 这是一个很有寓意的故事。故事告诉我们,倒下之前再撑一会儿。胜利者,往往是能比别人多坚持一分钟的人。即使精力已耗尽,人们仍然有一点点能源残留着,运用那一点点能源的人就是最后的成功者,人生中充满风雨,懂得竭尽全力抵抗风雨的人才是人生的主宰者,才不会被命运打倒。
2. 引导学生了解这一层意思之后,可以鼓励他们多想一些激励的方法。这个环节本身就是一个激发学生潜能的例子。让学生们多想一些激励法也可以帮助他们加深记忆,以便将这种理念带到学生和将来的工作中去。

### 知识拓展

#### 积极暗示,引爆潜能

【故事一】
许多人从来没能真正地做到集中精力。我们时常觉得心烦意乱,这是因为我们想的事情太多,脑海中同时出现的东西太多。橄榄球"超级杯"赛前,道格拉斯牛仔队的教练吉米·约翰逊说了下面一段有趣的话来激励他的队员们:"我告诉他们,如果我在房间里放一个宽四寸厚两寸的木板,每个人都能从上面走过去。但是,如果这个木板是架在两栋50层高的大楼之间,那么只有很少一部分人能从上面稳稳当当地走过去而不掉下来,因为他们老想着别掉下去。集中注意力才是取胜的关键。注意力更加集中的球队就是今天比赛的赢家。"

【故事二】

如果你当过孩子们的篮球教练或者是做过相关的工作,就会发现大部分孩子都只用固定的一只手运球,这一侧的手臂就是一个人的主手臂。

当你注意到一个孩子这么做的话,你就会把他叫下场对他说:"比利,如果你每次都用这一只手运球的话,对方就很容易防守。你就没有更多的选择。你也需要用另一只手运球,这样的话,对方就永远不会知道你将会选择从哪一边突破。"

这时,比利也许会说:"我做不到。"而你会笑着问他:"你说你做不到是什么意思?"

比利会用另一只手——非主手——运球给你看,而球会到处乱跑。因此比利认为,他"做不到"。

你会向比利解释,如果他愿意练习的话,另一只手也能够熟练地运球,只要多加训练就可以。这只是一种习惯。经过足够的训练,比利会发现你的话是正确的。

同样的原则也适用于重新调整我们占主导地位的思维方式。如果占主导地位的思维方式是悲观主义的话,我们所要做的只是"用另一只手运球",也就是说,练习一次次的用乐观主义的观点去思考问题,直至它成为一种自然。

如果有人问我(这是指在我读拿破仑·希尔的书,找到人生励志的道路之前的情况)为什么我不能更有人生目标,并且更加乐观。我会这样说:"我不能那样做,因为我不是那样的人。我不知道该怎么做。"但是更正确的原因应该是:"我没有那样做。"

思考就像是运球。从一方面来说,我可以不断地用悲观主义的方式思考,建立起一种悲观的思考习惯(这一过程只不过是一次又一次地用悲观主义"运球")。而另一方面,我也可以用乐观主义的方式去思考,一次一个乐观的想法逐渐养成乐观的思考习惯。人生励志,自强不息,不过是看你对想要去做的事情能够控制多少。

据我所知,一个人每天最多能产生45 000个想法。我并不能保证这个数据的准确性,特别是我知道一些人一天看起来最多会产生9个或者10个想法。但是,如果我们一天真的有45 000个想法的话,那么你不难看出,我们要改变悲观主义的思考习惯,就需要足够的耐心。

如果只是一两次积极乐观的思考,则并不能改变整个思考习惯。如果你是一个悲观主义者的话,你的生物钟就严重地偏离乐观的轨道。但是当新的方式出现以后,旧的就不会长久。作为一个曾经的悲观主义者,我能够告诉你这种转变确实发生了,虽然缓慢,但是确实发生了。你一定可以改变。只要做到一次一个乐观想法。

这真实的故事说明,要想获得成功,首先得相信自己,并用积极的暗示开发自己的潜能,不要因为自身的某些弱点就轻易放弃,只有这样,你才能成功。

阅读材料

### 论自我激励与大学生的健康成长

吴　燕

自励、他励及互励是人为激励系统中的三个子系统,而自我激励是人为激励理论的逻辑前提。在自我激励系统中,激励主体与客体是重叠的。人为激励理论指出,自我激励中激励的主体和客体都是能动的个体,他们不仅有能力而且十分渴望控制自己的行为,掌握自身的命运。

## 一、有关自我激励的理论

我国古代已有关于激励的思想。在我国传统文化中,儒家、道家都强调自励。如说"修己以安人,正人先正己",强调管理别人之前先管理好自己。《资治通鉴》中就多次提到"自励"、"自勉励"、"自策励"等词语。20 世纪 80 年代以来,西方一些学者越来越重视对自我激励的研究。德鲁克在《论 21 世纪管理的挑战》中指出自我管理将成为今后管理的趋势,而自我激励正是自我管理的核心。关于自我激励的心理机制,西方研究者也提出了一些理论模型,如班杜拉的自我调节模型、麦考姆斯的自我系统模型、齐莫曼的自我调节模型等。

自我激励是激励系统的一个重要组成部分,也被理解为是一种能力。斯腾伯格认为,智力的内部构成涉及思维的三种成分,即元成分、操作成分和知识获得成分。自我认识、自我控制、自我奖励等属于元认知活动,因此自我激励也属于一种智力范畴。在经济与科技高速发展的现代社会,"铁饭碗"时代已经离我们远去,同时知识工作者越来越受到重视。相对于其他工作者而言,知识工作者自己拥有生产资料。高度专业化的知识工作者要处理各种问题,需要靠自我激励来面对各种挑战。高校学生是未来的知识工作者,面对学业竞争、就业压力,自我激励应该成为他们获得前进动力的重要途径。

## 二、自我激励对大学生的意义

### (一)自我激励是学生健康成长的需要

个体的成长总是一个从被动到主动、从不成熟到成熟的过程。小孩子的行为大多依靠外在激励所驱动,而成年人的行为大多由内在激励所驱动。学生从中学步入大学,开始独立思考问题,自主意识逐渐增强,越发渴望用自己的思想支配自己的行动。然而,大学生还并不成熟,还不能准确地判断是非。据调查,在被调查的高校学生中,有 10.2% 的人认为读书无用,因为书本知识与现实脱离;有 24.6% 的人认为人生短暂,应及时寻欢;35.7% 的人在感情问题上赞同并接受西方婚姻观;有 46.5% 的人在失恋后有过一蹶不振的时期;有 7.4% 的学生有过自杀的想法。可见高校学生的人生观、世界观、价值观还存在许多问题。在比较自由的大学校园生活中,如果不会自我约束,不懂及时自我激励,势必会影响其健康成长,一旦在一两个问题上陷入困境,就很可能发生多米诺骨牌效应,使其人生进入一种非良性循环之中。

### (二)自我激励是学生自我控制的需要

现代研究证实,人类具有控制的需要。控制需要即个体希望自身可以在不受外因的影响下控制、影响甚至创造整个事件。若缺乏控制,个体便会产生一种挫败感或是无能感,还会伴随一系列负面情绪。控制需要若能得到满足,会使个体产生强烈的成就感,并促进自我激励水平进一步提高。控制需要若得不到满足,个体则会怀疑自己的能力,甚至出现自卑、自负、无能等不良情绪。著名管理大师彼得·德鲁克指出:"我们要努力让管理进入一个自我控制的管理状态。"高校学生在大多数时间是处在自我管理的状态下,因此需要学会控制自己、约束自己,将自身的思想、行为控制在合理的范围之中。

### (三)自我激励是学生自我提升的需要

人总是有自我提升、自我完善的欲望。当实现了一个既定目标以后,另一个目标又会随之而来;当一个层次的需求得到满足,另一个更高层次的需要又会出现,如此循环往复。在学校学生做了自己能做并应该做的事,比如顺利通过各种考试之后,并不会安于现状,总是会考虑如何继续提升自己,为自己将来工作奠定基础。他们会去考各种职业资格证,或是去做一些兼职,参加一些社会实践活动来提高自己。不断进行自我激励,可以有效地帮助自己克服自我提升中的种种障碍。

（四）自我激励是学生趋利避害的需要

趋利避害是人类行为的基本原则之一。个体想要做到趋利避害，就得不断自我激励。从经济学角度看，个体进行自我激励的前提是认为自我激励带来的利益高于自我激励的投入成本。个体的某种行为总是有一定的预期效果，比如考试及格、被评为三好学生或者优秀毕业生等，或者是为了避免各种麻烦，比如补考、重修、延迟毕业等。预期效果的好与坏形成鲜明的对照，而结果是好是坏又存在各种不确定的因素，比如即便努力学习了也不一定能够顺利通过考试、被评为三好学生。此时，个体就需要为自己设立较近、较容易实现的目标，进行自我激励。不管最终会不会被评为三好学生，依然要表现出正常的努力水平。学会为自己设定合理的目标，并付之于行动，直至最终达到目标。

（五）通过自我激励而激励他人

管理者都会强调团队精神。在一个团队里，当个体的业绩取决于团队整体业绩时，个体就会有动力去激励他人。对于团队领导而言，激励团队队员则是他们应尽的职责。然而在激励别人之前必须能够激励自己，只有先将自己说服，才能去说服他人。在学校，每个班级都是一个完整的团队，集体荣誉的获得需要团队每一个成员的共同努力。班干部是团队中的"领头羊"，为了集体荣誉，既要学会激励自己，还要善于激励团队里的每一个人。

### 三、高校学生如何进行自我激励

在学习生活中，有成功的快乐，也有失败的苦恼；有才华得到充分发挥的可能，也有坎坷不平处处碰壁的时候。当承受着沉重的心理压力和巨大的精神负担的时候，就需要进行自我调节，运用自我激励的方法，不断提高自己的心理素质。

（一）明确自身特征，树立正确目标

孔子把人分成四类："生而知之者上也，学而知之者次也；困而学之，又其次也；困而不学，民斯为下矣。"（《论语·季氏》）知道与否并不重要，重要的是能否清楚认识到自己不知道。只有认识到自己的优点与缺点，才可能充分地发展自己，为自己的发展树立正确的目标。在高校众多学生中，每个学生的特征和能力都是不尽相同的。学生自己应该充分认识自己的能力和性格特质，只有这样才能不断挖掘自身优点、克服自身缺点。要全面认识自己，仅了解自己是不够的，还要用发展的眼光认清他人的能力以及性格特质，所谓"以人为镜"。自我了解与了解他人是个体树立正确目标的必要前提。树立合理的目标，可以激励自己不断奋发向上。

（二）选好参照标准，学会自我控制

现代管理心理学认为，个体在进行自我激励时，总会用别人来比拟、要求自己，会将周围人作为参照物。如果参考标准太低，会使个体自我激励动力减弱。如果参考标准过高，个体达到的可能性较小，则也会影响个体进行自我激励的动力。因此，自我激励需要为自己选择合适的参照标准。为了接近于参照标准，个体在进行自我激励的同时，还应该学会自我约束，积极抵制外界因素的干扰，将自己的情感与行为控制在合理的界限之内。自制与自励原本就是相辅相成的。首先应该学会克服不良个性，不固执己见，不唯我独尊。其次，尽量少接触不合理的事物。所谓近朱者赤，近墨者黑，环境对人的影响是深刻的。在中学时，学生处在一个相对封闭、单纯、简单的环境中，接受的也大多是正面教育；步入大学后，所接触到的世界开始变得精彩，城市大了，楼房高了，街道繁华了，公园、酒店、餐厅灯红酒绿、五彩缤纷。繁华的背后有正面激励，也有负面影响。要减少、消除其负面作用，就需要学生进行有效的自我控制。

（三）不断自我反省，改善自身不足

古人提倡每天"三省吾身",强调个体要经常自我反省,权衡自身行为,明确自身优点与缺点,从而合理发挥自己的主观能动性。反省是高校学生追求实践合理性的体现,是其成熟的一种表现。反省也是学生提高思想品德、学识技能及心理品质的重要前提,是个体进行自我激励的必要技能。高校学生要时刻检验自己所学理论知识是否学扎实了,自己的容貌态度是否得当,考虑问题是否透彻,情绪控制是否得当;等等。自我反省应该是全方位、多角度的。高校学生应该将自我反省作为一种生习惯。自我反省之后,会意识到自身的不足或者自己犯的过错。在追求目标的道路上,面对不足与错误,应该勇于承认错误、承担责任,不断激励自己,加以纠正,这也就达到了自省的目的。成功者与一事无成者之间有个最大的区别就是:成功人士善于反省自己,并能不断激励自己,有种自我推动的力量促使其去努力完成目标,并且敢于承担一切责任。

(四)时刻自我警示,做到持之以恒

在自我激励过程中,个体要用特定的社会准则、道德标准和行为规范等不断警示自己,规范自身的思想和行为,以顺应社会需求。个体树立了远大的理想,并不一定就能够成功,还需要不断自我警示并为自我理想的实现而持之以恒。坚强的意志力是个体能否成功、能否实现自我目标的一个重要因素。高校学生要不断地培养自己的意志力,努力克服一切困难,无论环境多么恶劣,都要有坚定的信念,坚强地走下去。无论是在学校中还是在社会中,我们总会碰到各种问题与麻烦,但是不论有多难,永远都不能丧失信心,要学会激励自己。西方有句谚语说:"打开门的往往是最后一把钥匙。"只要充满信心,就一定能开启成功的大门。

# 第五章 认识他人情绪能力实训

### 案例导入

<h3 style="text-align:center">准确掌握表情密码</h3>

世界上的每一个人都是具有很强独立性的个体,正如同全世界找不到两朵相同的花一样。人们的相貌、心理以及情绪也是存在差异的。当然从相貌来说,双胞胎可以把差异缩减到最小。可是,人们的心理、情绪是永远不会重叠的。

这样看来,观察他人的情绪是一件极其困难的事情,不免让人有些气馁。其实并非如此。公司管理报销事务的会计换了一茬又一茬,可是依然没有人能够长期做下去,为此财务处的李科长急得天天牙痛。因为报销事务不但关系着公司职员的个人利益,还牵扯到公司的整体利益,而且由于部分来报的发票不属于公司的报销范围之内,因此不能报销,所以财务室出现了报销者信誓旦旦,会计却誓死不报,双方最终弄得面红耳赤,场面犹如斗鸡。

虽然工作很难做,但还是要有人去做。只可惜老会计宁可被减薪也不肯接受这份工作,李科长无奈只得让新来公司的员工小杨接手。当然,李科长也没有闲着,物色小杨的接任者是他的当务之急。

不过,事情的发展却大大出乎李科长的预料。首先,财务室不再像露天斗鸡场那样会计和员工们吵个不停,这使"财务室如战场"的言论悄然而止;其次,来报销的人员对会计们的态度明显温和了许多;最后,小杨工作完成出色,没有显示出丝毫的退意。

李科长自此不再牙疼,可是他始终弄不明白小杨是如何做好这份工作的。于是私下里,李科长向小杨询问其中的玄机。小杨笑吟吟地说道:"其实前几任会计的工作能力绝对比我强,只是他们坐办公室的时间太久了,在报销时总是低着头。而当他们抬头时,便是在和别人争吵。"李科长没听明白,连问为什么。小杨说道:"报销本来就是一份很烦琐但付出与回报不成正比的工作。因此,大家很容易带着情绪工作,可是您应该知道,这样是绝对做不好工作的。来报销的人总是会要求我们将拿来的发票全额报销。但是,《会计法》和公司有关条文的规定使事情往往不能如他们所愿。既然牵扯到个人利益和公司利益,双方互不相让是在所难免的。而且负责报销的会计们工作繁重、压力大,与外界争执就会经常闹情绪。但是,我们还是有必要顾及他人且克制自身的情绪。我呢,比前几任会计唯一出色的地方就是我会在给员工报销时抬抬头、仰仰脖子,顺便观察一下他们的表情:若是有人是面带厌倦的神情,我会适当地和他聊上几句,并在报销时从他的立场出发缓慢而又简明地解释相关事宜;若是有人眉头紧缩,我就要轻松微笑着缓和气氛。总之一句话,观察他人的表情,来了解对方的情绪并控制自己的情绪。这样做使我受益颇深。"

由此看来,观察他人情绪不是一件难事。小杨在这方面做得尤为出色,他很清楚如何去阅读别人的情绪,而且他掌握了最佳的辅助工具——表情密码。所以,他能准确地掌握他人的情绪,也就不足为奇。

## 第一节 认识他人情绪概况

为什么有的人拥有好人缘,有的人却成了万人烦?为什么有的人可以轻易获取信息、获得青睐,而有的人却盲目被动、不得要领?关键就在于他们是否善于了解他人,知道他人的所思、所想、所感。

高情商者在社交生活中不盲目、不糊涂,他们能够根据对方的行为举止、语言谈吐、心理活动等识别他们的情绪,并采取相应的对策,因而能获得良好的人际关系,取得更大的成功。

### 一、认识他人情绪的目的

尽管人难知,还是要知。美国学者戈尔曼说过:"不能识别他人的情绪是情感智商的重大缺陷,也是人性的悲哀。"

认识他人情绪情感的目的是什么?

(1)不会伤害他人。就是我们常说的:顾左右而言他。要控制自己的情绪容易,但要控制他人的情绪就很难。因此你只能通过了解洞悉他人的性格和情绪,并以此来调整自己的言行,避免伤害别人的情感,恰当地处理人际关系,从而营造和睦融洽的环境氛围。

(2)能协同合作。了解他人情绪,才有可能很好地合作。当一个生人径直向你走过来,并很近地靠过来时,你会退一下,因为你不了解他。当一个很熟悉的人径直向你走过来,并很近地靠过来时,你会本能地靠拢过去,伸出手去紧握,还可能紧紧地与他拥抱。

(3)最终左右或驾驭他人的情绪。只有这样,才能实现可持续合作。

### 二、如何认识他人情绪

认识他人的情绪情感主要是通过"听、问、看"。

(一)倾听

1. 倾听的含义

倾听是第一个方法和技巧,是沟通的第一艺术,造物主给了人类两只耳朵一张嘴,就是要人们少说多听。倾听是一种主要用耳的艺术,取得成绩时要倾听;遭受挫折时要倾听;承担痛苦时要倾听;沟通心灵时要倾听;认识他人的情绪情感时更要倾听。

2. 倾听的技巧

做有兴趣状。对某人所说的话"表示有兴趣"。当别人的讲话确实无聊且速度又慢时,要认为或多或少会有益,聆听时就会自然流露出敬意和礼貌。

对方说话时聚精会神，全神贯注地聆听。特别要集中注意力，哪怕是有一个持枪暴徒突然闯进房子，一个漂亮的女士在你面前晃来晃去，也不要分散眼神。

设身处地、站在对方的角度想问题。情绪情感是相互影响、相互感染的，你倾听的情绪会影响讲话人的情绪，从而关系到能否得到希望得到的他人的情绪。

一般不要打断别人的讲话。随便打断别人的讲话，会影响别人的情绪，同时，也影响对他人情绪情感的认知。

积极回应。可用一些肢体语言或感叹性的口头语言来反馈你的情绪情感。

准确理解。不仅要理解他人语言中的含义，还要理解他的言外之意、言下之意，往往那些东西才是要捕捉的情感信息。

听完再澄清、排除听的消极情绪。

3. 倾听要"四到"

眼到——观察对方的脸部表情、眼睛、手势、体态、穿着等；

心到——以换位思考的态度站在沟通对方的立场与角度，去体会他的处境与感受；

脑到——用大脑去分析对方的动机，以便了解对方的话中是否有话，是否有弦外之音；

神到——眼、心、脑，全部要归到"神"。

(二)提问

1. 提问的含义

认识他人情绪情感的第二个方法和技巧是提问。提问本身就是一门学问，这是用嘴的艺术。每个人每天几乎都要不停地提问，都要不停地回答问题。很多情绪情感的东西就是通过提问和回答问题自觉不自觉地流露出来的。就是倾听，实际上也是提问后的行为。

2. 提问的重要性

一个领导者要学会提问；一个教师要学会提问；一个服务员要学会提问；一个学生要学会提问；每个人都应该学会提问。其实，提问每个人都会，张嘴就是问题，但是，每个人也都不一定会提问，提问水平很高的人，是高情商与高智商的综合素质的体现。

3. 提问的种种技巧和表现

老师的提问技巧。老师的课堂教学要经常提问，这是启发式教学，是了解学生的学习情况的一个重要方法，也是锻炼学生表达能力的一个重要方法。有经验的教师认为，经常提问是一种组织教学的重要方法。学生听课到一定时间，就会产生兴趣转移，会产生疲劳，经常提问，会使学生溜掉了的"神"又"回过神来"，重新集中注意力。

一个人会不会提问题,提什么样的问题,能够由此看出你的水平。所以,有经验的老师会加大力度鼓励学生提问,从学生的提问中看出学生学到了什么程度,看出他的创新创造精神。

一些新闻记者很会提问,包括报社的记者,电台、电视台的新闻记者,《对话》、《实话实说》、《今晚》、《东方时空》等栏目的主持人,香港凤凰卫视的《时事开讲》、《时事直通车》等栏目的主持人,都是很会提问的。

例如,央视的著名记者水均益,他主持的《高端访谈》节目,很有层次,很受欢迎,这与水均益先生的提问有很大的关系。他所提的问题,有的是以逻辑性见长,有的是以深度和广度见长,有的则是以饶有兴趣的幽默诙谐见长,有的是以引起人们的好奇心见长。总之,提问在认识他人的情绪情感中是很重要的。

(三)观察

1. 观察的含义

观察是认识他人的情绪情感的第三种方法和技巧,这是一种主要用眼睛的艺术。眼睛是心灵的窗户,心理是一个人内心世界的东西,它会通过一个人的言行、表情表现出来。而通过一个人的言行,可以推断一个人的心理活动规律,可以窥视一个人的内心世界。

2. 眼睛和眼神

根据一个人的眼睛、眼神,也可以了解他的情绪情感。这是两个方面的问题:一是通过眼睛去观察了解他人的情绪情感;二是通过他人的眼睛去推断他人的情绪情感。

倾听、提问和交谈都属于上述两个方面的内容。例如,通过倾听了解他人的情绪情感,也可以通过自己讲话他听的表现来了解他人的情绪情感;通过提问来了解他人的情绪情感,也可以通过他人对自己的提问来了解他人的情绪情感。

(四)体察

通过一个人的整体言行活动,身体的全部行为,也可以了解一个人的情绪情感,"体察民情"的"体察"就是这个意思。

事实上,每个人都有身体语言,每个人的身体语言都在表情达意。好多隐秘的情感信息就是通过身体的无声语言传递的。有经验的观察情绪情感的高手,是不会放过对方的体态情感表达的。

例如:美国总统尼克松卷入"水门事件"后,在一次接受记者采访时,尼克松出现了摸脸颊和下巴的动作。而在"水门事件"爆发前,尼克松从未有过这样的动作,心理学家法斯特教授据此认为,尼克松这次肯定脱离不了干系。

从心理学的角度讲,一个人面对恐惧时,会通过自我安慰来寻求心理平衡。尼克松摸自己的身体这种自我接触,就是一种自我安慰,其实,也就把他的恐惧心理不自觉地流露了出来。

这里的"体察"情绪情感还有一层意思,就是要整体观察。一个人对对方是一种异常愤怒的情绪,但是他的面容却可能是和蔼的微笑。这时,对他人的情绪的观察就不能仅仅看他的面部,还要看他同时紧握的拳头和僵硬的肢体,也许这才是他的真实情绪。

(五)手势语

除了眼睛、耳朵、嘴巴等五官能表达人的情绪情感以外,在一个人的身体中,手是最重要的情绪情感的表达载体。一个人的手势会有亿万种,肢体语言中,最重要的也是手势语言。聋哑人的哑语,交警的交警语,基本上都是手势语言。即便是有声语言,很多也是要借助手势来表情达意、增强感染力的。

一个人取得了成就,为自己高兴骄傲时,很多会在手势上体现出来:动作V、挥舞拳头做高兴状、竖大拇指、双拳同时向上举等等。

一个小孩子,当他对自己所完成的事感到骄傲时,便会坦率地将他的手显露出来;当他有罪恶感时,或者是对一个情况产生怀疑时,他会将手藏在口袋里或背后。

### 三、如何理解他人的情绪

人与人之间冲突的来源,通常起源于对彼此的误解,或是一方态度咄咄逼人,或是一方拉不下脸来,或是情绪过于激动,或是过于固执己见……其实这都是可以避免的,同理心的作用也就在于此。

同理心公式

简单来说,同理心就是将心比心。同样的时间、地点、事件,而当事人换成自己,也就是设身处地去感受、体谅他人。人与人的关系没有公式可言,只能以关心为出发点,为双方都留下空间,设想他们所想要、所需求的东西,他们能做的事,及他们自己的生活。也就是说,人与人之间只是关心仍是不够的,还需要爱,需要对于别人的处境感同身受。有了同理心,我们将不会处处挑剔对方,抱怨、责怪、嘲笑、讥讽便也大大减少;取而代之的是赞赏、鼓励、谅解、扶持。这样一来,人与人的相处便变得愉快、和谐。

同理心就是了解他人感受的能力,它在人生的很多竞技场上都发挥着重要的作用,从销售和管理到谈情说爱、养儿育女,再到同情关爱和政治行动。没有同理心会产生严重的后果。

社会意识的核心技能是同理心:不用别人诉说,我们就能体会到对方的想法和感受。我们通过语调、面部表情、姿势和其他大量非言语渠道,持续向他人发送感受信号,但人们理解这些信号的能力往往大相径庭。

同理心有三种类型:

第一种是认知同理心。我了解你看待事物的态度,我可以站在你的立场。认知同理心强的管理者,其员工的表现会好于预期,因为管理者可以用员工能理解的方式来表达,这使员工感到鼓舞。认知同理心较强的高管担任国外职位时表现更好,因为他们能够更快地掌握不同地域的风俗习惯。

第二种是情绪同理心。我与你感同身受。这是人际关系和谐与擦出火花的基础。情绪同理心强的人由于能够体会到他人的反应,将会成为出色的顾问、老师、客户经理以及团队领袖。

第三种是同理心关怀。我如果感觉到你需要帮助,自然就会提供帮助。有同理心关怀的人会成为团队、组织或社区的良好公民,自愿帮助有需要的人。

同理心是建立同情心必不可少的基石。我们必须感觉到他人的状况和情绪,才会激发内在的同情心。从完全的自我沉醉(无视他人)到有所关注、开始理解,再到同理心,理解他人的需要和产生同理心关怀,然后到同情,采取行动,帮助解决问题,这是一个渐进过程。

同理心对于个人的发展极为重要。它体现在一个人一旦具备了同理心,就容易获得他人的信任,而所有的人际关系都是建立在信任的基础上的。注意这里所谈的"信任"不是指对个人能力方面的信任(例如,让别人相信我能把某项工作做好),而是指对人格、态度或价值观方面的信任(例如,让别人相信我的出发点是好的,相信在我面前不必刻意设防或掩盖自己的缺点和错误)。从这个意义上说,没有同理心就没有彼此之间的信任,没有信任也就没有顺利的人际交往,也就不可能在分工协作的现代化社会中取得成功。

## 四、改善他人情绪的前提

你可以仔细寻求你和他人之间的相似之处,在这过程中,你可以发现你与对方更多的相同点。发现相同点将有助于你从小处了解转向大的范围,有了更多的了解,彼此就可以合作、友好地解决情绪冲突,并与对方有进一步的情绪沟通,在这之前你要做的工作主要有:

### (一)建立相互尊重

互相尊重才能了解与接纳彼此的观点,这是个双赢的目标。冲突的解决基于尊重地对待彼此,无论观点是否一致,只要你向对方传递了关怀之情,就是为彼此的沟通走出了第一步。

### (二)找出症结所在

一场激烈的情绪冲突中,有多少次是在真正地讨论主题?不可否认,我们在很多时候所争论的常常并非是问题,而是在讨论某件事情发生的时间、责任的分配、彼此的期望等。

其实,真正的问题应包含想法和目的,举例来说:你对自己的地位和声望有受威胁的感觉时,其实你真正担心的是你想要独自控制的一切。

真正的问题可能在于你自以为是、要别人顺从你的方式,要主控、要证实自己的优越感,或是要获胜、要报复。所争论的问题在你承认真正的问题前,总是会妨碍问题的解决,而且,冲突中的对方可能并不知道你的情绪,或可能有类似的情绪。

为权力和控制、优越感、自以为是、报复、虚荣等的争斗,是解决冲突时所要克服的主要障碍。如果你不了解、不明确你们的问题的症结,就别想解决情绪冲突。

### (三)寻求同意范围

冲突中的多数人并不了解,当他们发生冲突时,没有人可以没有对手而一个人争斗。因此,在处理冲突时,很重要的一点就是要寻求新的同意范围,将同意从争斗改变为正面的合作。

你可以自问:"我到底怎样改变才能使双方关系更和谐、更愉快?我如何能改变自己的想法感觉或态度?"以此来开启寻求同意的过程。

你可以寻找一个双方观点一致的话题,用以拉近与对方的距离和认同感,这有助于你们改善关系的成功,因为如果你提供积极的活力并赋予希望,喜欢共同合作的话,解决冲突的过程就显得容易多了。

### (四)努力达成共识

既然你已经找出问题所在而且付出了积极的努力,下一步就是发展试验性的解决方法。你可以从询问对方的想法或提出建设性的意见作为开始。

首先,提出解决方案。双方都提出自己的想法。其次,暂时先接受此阶段所有的想法。不要拒绝对方的想法,否则他又会沮丧和生气。解决冲突的目的必须通过双方提出想法并努力包容来达到。最后,决定一个想法或综合想法是你们双方都能够而且愿意接受的。当你们分享权利共做决定的时候,合作也就取代了对抗,冲突也就迎刃而解了。

## 五、巧妙地控制他人的情绪

### (一)注意他人的情绪波动

当我们尊重自己的感觉也尊重别人的感觉的时候,就能够学会不去做无谓的说服,我们不会刚愎自用地让人相信我们是正确的而别人是错误的,也不会再试图改变某个人,或者强迫他与我们看问题的观点一致。我们在学会尊重别人的同时,也接受和理解了他人对事情的感受。

你能察觉周围人的情绪波动吗?如果你知道了他们的情绪状态,就会和他们建立良好的关系。

小米已经发现明在辉的旁边变得越来越不自在了。她的直觉告诉她,他在嫉妒,虽然他起初否认。她无法理解为什么明会有这种反应,因为她和他独处时都对他非常热情,表现得很在乎他。她猜想明的嫉妒可能和辉长相英俊有关,而且猜测可能对自己的外表没有信心。

小米正好在看一本有关情绪沟通的书,学习到一些技巧,也曾告诉过明。

她决定去问明是不是感到嫉妒。明的第一个反应是否认。他觉得嫉妒是孩子气的事,因此不好意思承认。

"请你老实说!"小米要求道。

"好吧,我是嫉妒。"他终于承认了。

"可是辉对我并没有特别的吸引力,我喜欢的是你。"

"不,不是那回事,我知道你很喜欢我,"他怯怯地笑着说,"可是你知道我不太会说话,而辉是那么自在、风趣,那不会吸引你吗?"

小米想了一下,"我想是吧。但是我俩单独相处时,你也很风趣啊。和他那样的人在一起是很好玩,但你才是我想交往的人。以后会不断有我们俩都认识而且我们都喜欢的人出现,可是我还会和你在一起,因为你对我而言是最重要的,因为我爱你。"明感到心里暖暖的。

"我能问你一个相关的问题吗?"明问。小米欣然答应。"我觉得你在他面前和我保持着距离。老实说,当我们三个人在一起时,我很担心你会对我失去兴趣。"

她很吃惊:"根本没有这回事!"但想了想,她说:"因为我一直认为在没有女朋友的人面前和男朋友亲热是不礼貌的。"

"我理解。"明善解人意地点头。

"不过也许我表现得太过分了。我想我们可以手牵手,或紧坐在一起,而不至于让辉感到不舒服。我只是想让你的朋友喜欢我,而我也一直小心地为他人着想。"

明更加爱小米了,因为他觉得她替别人着想,非常可爱。而小米也尽量避免过多地和辉接触。总之,他们比以前更相爱了。

有好的情绪管理能力的人会尽力理解自己与他人的情绪反应,敢于开诚布公地讨论它,并做出适当的处理。当我们尊重别人的情绪反应并把它当作一种重要的信息源,面对面地、开放地提出问题时,经过一番沟通和行为改变,一切都会变好的。

随着我们的情绪管理能力的提升,我们对他人的了解也就变得更加准确、可靠。我们学会信任自己的感觉和看法,对他人的态度也会更开放。这种转变是借由不断明确地感知、收集回应并修正误解产生的。

(二)良言效应

人有时就是这样的:你软他就软,你硬他更硬。当别人对你的某项指令感到难以理解或不予执行时,只要你晓之以理、动之以情,一切问题都会迎刃而解。

1940年12月9日,加勒比海海面上的微风轻拂,带着一阵阵潮气。这里风景秀丽、气候宜人。

此时,美国总统罗斯福正在"塔斯卡卢萨号"驱逐舰上悠闲地欣赏着加勒比海秀丽的风光。

而此刻的大洋彼岸,英国正同德国法西斯打得不可开交。由于战争初期,德国做了充分的准备,再加上他们的军队装备精良,所以,英国人顶不住了。这时,一位工作人员来到罗斯福身旁,递给他一份重要文件。这是英国首相丘吉尔写给他的信。丘吉尔在信中说,英国的财政资源眼看马上就要枯竭了,他们已无力再用现款支付和购买一切物品。但是,他们急需几千架飞机和为数可观的船只等物品,丘吉尔在信中恳请罗斯福做出史无前例的努力,只要供给他们武器就行。他们不需要美国的一兵一卒。

英国和美国的利益休戚相关、荣辱与共,这一点罗斯福心里很清楚。但是,根据美国的中立法,交战国一定要用现款购买武器装备,而且,立法还规定不许向没有偿还第一次世界大战债务的国家提供贷款,而这两条英国都占了,如何说服议会里的那些人呢?罗斯福为此大伤脑筋。

12月17日,罗斯福在华盛顿举行了一个记者会。会上,他向与会者介绍:"英国目前已经没有力量拿出现款购买任何军用物资了,这一点,你们都知道。那么,我们什么也不给他们吗?我们可以这样说,保卫美国最好的办法是让英国打败德国。但是,现在让英国拿什么打败德国呢?"

台下的众多议员和记者都不说话。

罗斯福知道他们也毫无办法,便接着说道:"有一天,我的邻居家里失火了,我们两家只有100米远,我这里有个水龙头,只要叫他拿去,就可以帮他将火扑灭。可是,我总不能在救火之前对他说,朋友,这条管子值15美元,你得先给我钱……"

台下传来一阵哄笑。

"你们说我该怎么办?"罗斯福向台下的人们问道。

有人说:"才15美元,给他好了,给他,救火要紧。"

罗斯福说:"我总不能什么都给他,今天是水管,明天可能是汽车,日子一长,我们家的东西就全没了。国家也是如此!"

台下又是一阵笑声,有人说:"还是要拿钱,给钱!"

"又是钱!没有钱我们就不可能办事了吗?我可以借给他,他用完了再还给我,假如用坏了,我会叫他照赔不误的。"

"这是个好办法,是聪明人的办法!"台下有人喊道。

通过这次会议,罗斯福认识到他的租借法案有可能在国会通过,这使他一下子有了信心。

国会通过辩论,最终以多数压倒少数批准了租借法案。1941年3月11日,当罗斯福总统将它签署为法律时,他心情激动地说:"我们总算有了一个能够帮助邻国的好法律。"

丘吉尔听到了这个消息后欣喜万分:"这太美妙了,罗斯福所做的一切简直太完美了。"

这就是历史上著名的租借法案,罗斯福的租借法案在"二战"中做出了巨大的贡献。但在当时,美国人怕打仗的情绪十分普遍,罗斯福明白他还必须激发起民众的斗志。

在一次讲话中,罗斯福慷慨陈词:"谁也不能在今天晚上就预言说,敌人何时向我们进攻。我们不应该静静地等候敌人走进我们的院子时才想到抵抗,那样做无疑是自杀。当你的敌人乘坐一辆坦克或开着一架飞机向你进攻的时候,如果你一定要等到看到他们的白眼珠时再开枪,那你就永远不会明白自己是怎么死的。"

罗斯福充满智慧的讲话,在美国公众中引起了巨大的反响。人们纷纷打电话给白宫,表示支持罗斯福。

人的具有说服力的良言是最容易受到他人感染的,当你对别人解释某件事的利害关系时,相信人们是懂得是非的,只要你晓之以理、动之以情,一切问题总会得到解决。

(三)一笑泯恩仇

幽默不仅能消除烦恼、增添快乐、活跃气氛,还能解决纠纷、化解尴尬。每个人的心里都会有些痛处,别人一碰就容易心浮气躁。这时不妨唤醒你潜藏的幽默感,收集一些巧答妙对来应付那些难听的话。

丘吉尔说过:"除非你绝顶幽默,否则就无法处理绝顶重要的事,这是我的信念。"杰出政治家就经常用幽默化解对手的攻击或一些不便回答的问题。丘吉尔任国会议员时,有某女议员素行嚣张。一天,她居然在议席上指责丘吉尔说:"假如我是你老婆,一定在这杯咖啡里下毒。"

狠话一出,人人屏息。却见丘吉尔顽皮地一笑:"假如你是我的老婆,我一定一饮而尽!"结果,全体议员包括那位女议员都哄堂大笑。寓讽刺于回答,果然立刻化戾气为祥和。

美国前总统林肯的长相不好,众所皆知。有一次,他针对有人谩骂他是两面派的这个问题,在集会上说:"有人骂我两面派。我若是还有另一张脸,我还会愿意带这张脸来参加集会吗?"一语双关,博得一片喝彩。

拿破仑的身高只有168厘米。当年他担任法军总司令时,曾对比他身材高大的部下说:"将军,你的个子正好高出我一个头;不过,假如你不听指挥的话,我就会马上消除这个差别。"言外之意就是,不服从命令的军人就会掉脑袋,严厉中显示出他的幽默和自信。英国上议院议员史纳托夫·里德有次发表演说,正当听众们屏息凝神地倾听之际,忽然席间一名听众座椅的脚折断了,那个人也跌倒在地。正当他感到尴尬万分之际,里德却立刻说道:"现在各位应该相信,我所提出的理由足以'压倒'每个人了吧!"在众人哄笑中,他轻易地为对方解了围。

幽默,是最能去除难题的雷管,具有把悲剧转为喜剧的力量,而且只在你一念之间。心胸开朗的人,总能自信地幽自己一默,给别人带来欢笑。

随着年岁渐长,我们肩负的责任也更繁重,未清的账单、待洗的衣服、失落在年轻时代的爱情遗恨,统统的这些都是成为我们无法幽默的缘由。很多人认为幽默的方式是不正式的,经常"嬉皮笑脸"的人成不了大事。那上面的这些例子能否改变你的观念呢?我们总是把事态看得过于严重,以至于忘了该如何笑、如何处之泰然。

著名的讽刺家林克雷特建议大家:"当你生气时,试着想象对方正裸着身子。"这句话的真正含义是指:"当你为一个难缠的人加上一副幽默的影像时,你就掌握了解决问题的绝对优势。"

幽默就是用趣味的角度看待发生在你身上的种种。只在一念之间，悲剧变喜剧。请在自己的心里播下幽默的种子，不多久，你会发现，自己是世界上最富有的人！

## 第二节　认识他人情绪实训项目

要控制自己的情绪容易，但要控制他人的情绪就很难。因此你只能通过了解洞悉他人的性格和情绪，并以此来调整自己的言行，避免伤害别人的情感，恰当地处理人际关系，从而营造和睦融洽的环境氛围。

思想指导人的行动，心里所想常常会体现在行动上。但要识一个人，就必须掌握他的全部行动情况，这是以行察人的基本条件。如果仅仅依据他的一言一行而对他做出结论，必然失之偏颇。如果了解一个人的全部行动，就可以对他前后的言行进行综合分析和比较，既可以从其过去知其现在，又可以根据他现在的所作所为预测他发展的趋势与结果。

### 认识他人情绪实训一

**情商测试：你是一个有观察力的人吗？**

【实验目的】　通过一套题目测试自己认识他人情绪的能力。

选择最适合你的一项，然后把对应的分数加起来。

1. 进入某个单位时，你：
   注意桌椅的摆放。　　　　　　　　　　　　　　　　　　　　　　　（3分）
   注意用具的准确位置。　　　　　　　　　　　　　　　　　　　　　（10分）
   观察墙上挂着什么。　　　　　　　　　　　　　　　　　　　　　　（5分）

2. 与人相对时，你：
   只看他的脸。　　　　　　　　　　　　　　　　　　　　　　　　　（5分）
   悄悄地从头到脚打量他一番。　　　　　　　　　　　　　　　　　　（10分）
   只注意他脸上的个别部位。　　　　　　　　　　　　　　　　　　　（3分）

3. 你从自己看过的风景中记住了：
   色调。　　　　　　　　　　　　　　　　　　　　　　　　　　　　（10分）
   天空。　　　　　　　　　　　　　　　　　　　　　　　　　　　　（5分）
   当时浮现在脑海里的感受。　　　　　　　　　　　　　　　　　　　（3分）

4. 早晨醒来后．你：
   马上就想起应该做什么。　　　　　　　　　　　　　　　　　　　　（10分）
   想起梦见了什么。　　　　　　　　　　　　　　　　　　　　　　　（3分）
   思考昨天都发生了什么。　　　　　　　　　　　　　　　　　　　　（5分）

5. 当你坐上公共汽车时，你：
   谁也不看。　　　　　　　　　　　　　　　　　　　　　　　　　　（3分）
   看看谁站在旁边。　　　　　　　　　　　　　　　　　　　　　　　（5分）
   与离你最近的人搭话。　　　　　　　　　　　　　　　　　　　　　（10分）

6. 在大街上，你：
观察来往的车辆。 (5分)
观察房子。 (3分)
观察行人。 (10分)

7. 当你看橱窗时，你：
只关心可能对自己有用的东西。 (3分)
看看此时不需要的东西。 (5分)
注意观察每一件东西。 (10分)

8. 如果你在家里需要找什么东西，你：
把注意力集中在这个东西可能放的地方。 (10分)
到处寻找。 (5分)
请别人帮忙找。 (3分)

9. 看到你亲戚、朋友过去的照片，你：
激动。 (5分)
觉得可笑。 (3分)
尽量了解照片上的人都是谁。 (10分)

10. 假如有人建议你去参加你不会的游戏，你：
试图学会玩并且想赢。 (10分)
借口过一段时间再玩而拒绝。 (5分)
直言你不玩。 (3分)

11. 你在公园里等一个人，你：
仔细观察旁边的人。 (10分)
看报纸。 (5分)
想某事。 (3分)

12. 在满天繁星的夜晚，你：
努力观察星座。 (10分)
只是一味地看天空。 (5分)
什么也不看。 (3分)

13. 你放下正在读的书时，总是：
用铅笔标出读到什么地方。 (10分)
放个书签。 (5分)
相信自己的记忆力。 (3分)

14. 你记住领导的：
姓名。 (3分)
外貌。 (3分)
什么也没记住。 (10分)

15. 你在摆好的餐桌前：
赞扬它的完美之处。 (3分)
看看人们是否都到齐了。 (10分)
看看所有的椅子是否都放在合适的位置上。 (5分)

【评分规则】

(1)分数＝100

你是一个很有观察力的人。对于身边的事物,你会非常细心地留意,同时,你也能分析自己,如此知人入微,你可以逐步做到极其准确地评价他人。只是很多时候,做人不能太拘泥于细节,你也应该适当爽快一点,往大的方向去看。

(2)75≤分数＜100

你有相当敏锐的观察能力。很多时候,你会精确地发现某些细节背后的联系,这一点,对于你培养自己对事物的判断力非常有好处,同时也让你的自信心大涨。你需要注意的是,很多时候,你对别人的评价会带有偏见。

(3)45≤分数＜75

你能够观察到很多表象,但对他人隐藏在外貌、行为方式背后的东西,通常采取不关心的态度,从某种角度而言,你适当的"难得糊涂"充满了大智慧,你很值得把自己从某些不必要的事情中"拔"出来,享受自己内心的愉悦。

(4)分数＜45

基本上,可以认为你不喜欢关心周围的人,不管是他们的行为还是他们的内心。你甚至认为连自己都不必过多分析,更何况其他人。因此,你是一个自我中心倾向很严重的人,沉浸于自己无限大的内心世界固然是好,但提防这样做会给你的社交生活造成某些障碍。

## 案例拓展

### 知己知彼　百战不殆

陈平在当初投奔汉王刘邦的时候,曾发生过一宗险事。那是春夏之交的时节。一天中午,天空灰蒙蒙的,碧绿的田野一片静寂。这时,从楚王项羽的军营里走出一个人,身穿将军服,佩带一把宝剑,警戒地四下看着,顺着田间小路,急匆匆地向黄河岸边赶去。这个人就是陈平。他偷渡黄河去投奔汉王刘邦。

陈平赶到河边,轻声叫来一艘渡船。只见船上有四五个人,都是粗蛮大汉,脸上露出凶相。当时陈平早已觉察到,上这条船有些不妙,但又没别的去路。他担心误了时间,楚兵会很快追赶上来,只好上了船。

船只慢慢离开了岸,陈平总算松了口气,但他敏锐地观察到,船上这几个人正在窃窃私语,相互递着眼色,流露出不怀好意的举动。"看来是个大官,偷跑出来的。""估计他怀里一定有不少珍宝和钱,嘿嘿……"

坐在舱内的陈平听到船尾两个人这样低声议论,并发出阴险的笑声时,不禁有些紧张。心想:"他们要谋财害命! 我虽然身上没有什么财物和珍宝,但我只是独夫一个,只有一把剑,肯定敌不过他们。如何安全地摆脱危险的困境呢?"

这时船到了河中央,速度明显地减缓了。

"他们要下手了,怎么办?"陈平眉头一皱,计上心来。

他从船内站起来,走出船舱说:"舱内好闷热啊! 热得我都快要出汗了。"

陈平边说边佯作若无其事地摘下宝剑,脱掉大衣,倚放在船舷上,并伸手帮他们摇船。这一举动,出乎他们的预料,使他们一时不知道该怎么办才好。陈平很用力地摇船。过了一会儿,他又说:"天闷热,看来有一场大雨。"说着,又脱下一件上衣,放在那件外衣之上。过了一会儿,再脱下一件。最后,他索性脱光了上衣,赤着身子,帮他们摇船。船上那几个人,看见陈平没有什么财物可图,就此打消了谋害他的念头,很快把船划到对岸了。

陈平在这样的情况下,以他一介文士的身份,不论是向船家极力辩解,还是凭一时血气之勇拔剑与船家展开搏斗,恐怕都难以逃脱被船家杀害的结局。陈平能在刻不容缓的紧张瞬间想出办法,不露声色地把危机消解于无形,不愧为刘邦手下的一大谋士。

所谓"知己知彼,百战不殆",陈平得以脱险,完全在于他细致的观察和机智应对。

## 认识他人情绪实训二

**情商实验:认知他人情绪与共感能力的测定**

【实验目的】 通过观察他人的面部表情、肢体语言、语音语调或其他途径了解他人的情绪变化。

如果你是一位教师或一位心理医生,你在倾听他人说话后可以把他们的谈话内容大致分为四类:

A. 要求从行为或行动上给予支持;

B. 要求就某种问题或情况提供信息;

C. 要求给予理解;

D. 要求对某些事物作出评价、比较或判断等。

下面是30个谈话内容,请你从"行为"(A)、"信息"(B)、"理解"(C)、"评价"(D)四个角度进行分类判断。将适当的解答(A、B、C、D)分别填入题后的(    )中。

1. 孩子对父亲:我真害怕写作文。明天学校的作文考试我一定考不好。(    )

2. 学生对老师:老师,您真好!您与张老师不同,张老师布置的家庭作业太多,我们回家经常做到很晚。(    )

3. 公司管理人员对经理:凌先生工作非常努力,就是有时候喜欢钻牛角尖,提出一些刁钻古怪的要求,真让人为难。(    )

4. 校长对教师:田老师,王老师今天病了,不能来学校上课,请您给她代课,好吗?(    )

5. 研究生对导师:老师,这份资料中所阐述的观点,我们还是不明白,您能不能深入浅出地介绍和说明一下?(    )

6. 营业员对经理:经理,星期天让我们放弃休息,加班加点工作,星期一又不让我们调整休息,是不是不妥当?(    )

7. 顾客对餐饮业人员:店里有这么多苍蝇飞来飞去,在这么脏的环境中吃饭,让人倒胃口。(    )

8. 上级对下属:我的提议和要求也许有不妥之处,我不是命令你一定要做这做那,而是希望你能更积极、更主动一些。(    )

9. 教师对教师:与去年所教的班级相比,今年我接的这个班的学生成绩很差,让人棘手啊!(    )

10. 学生对教授:老师,我已申请去A国留学,能不能请您为我写一封推荐信?(    )

11. 邻居对邻居:小玲玲的父母闹离婚,究竟什么原因谁也搞不清,这不是苦了孩子嘛!

12. 班主任对家长：您的孩子最近成绩下降，上课思想不集中，老是打瞌睡，您能不能关心一下他最近在家里的生活情况？（　　）

13. 职工对管理人员：听说公司要对职工进行技术考核、评估，您知道吗？今天也有人向我打听，我不知道。（　　）

14. 家长对教师：马上就要进行高考了，老师，按目前我孩子的成绩，报考重点大学该不会有问题吧？（　　）

15. 咨询者对心理医生：听说这里的心理门诊每周举行一次集体心理辅导，不知道集体心理辅导有些什么内容？（　　）

16. 病人对护士：我有事找陈医生，不知陈医生还在不在治疗室里？（　　）

17. 家长对班主任：下个月我们全家搬到B区去住了，孩子也到那儿的中心小学去上课。老师，如果您知道B区中心小学情况的话，请给我们介绍一下。（　　）

18. 友人对友人：你托我办的事，我很想尽心尽力去做，但目前爱莫能助，真叫人为难啊！（　　）

19. 心理医生对教师：您的学生在我这儿进行心理咨询，您对他在学校中的集体生活、人际关系的情况是否了解？（　　）

20. 公司职员对管理人员：这张办公桌太狭小了，能不能请您给我换一张新的办公桌？（　　）

21. 学生对教师：我的体育运动成绩老是提不高。老师，考重点高中不会加试体育科目吧！（　　）

22. 销售人员对公司领导：最近公司销售业务不景气，经理说我们这些销售员在干些什么，可是经理自己坐在办公室又制定了哪些措施和计划呢？（　　）

23. 咨询者对心理医生：最近我的情绪很不好，无缘无故地感到烦躁不安，我自己也不理解自己究竟有什么问题，请医生分析一下并告诉我。（　　）

24. 球员对教练：今天的球队会议上又要发生争论了，这个球队的队员都自以为很有本事，争论起来没完没了，这样的会议质量不高、浪费时间，对不对？（　　）

25. 丈夫对妻子：最近一段时间工作很紧张，本来预定全家去旅游的计划也不能实行。能全家团聚在一起出去旅游轻松一下，该多好啊！（　　）

26. 同学对同学：不管我怎么招呼小强，他总是爱理不理的，我想也许是我和他之间性格根本合不拢吧。（　　）

27. 女友对男友：我周围的朋友最近都戴起了钻石戒指，我们马上要订婚了，不知你对这件事怎么考虑？（　　）

28. 顾客对售货员：想购买一台电脑，不过究竟买什么型号的电脑还没决定。请问有没有关于电脑指南之类的商品介绍资料？（　　）

29. 丈夫对心理医生：最近，妻子和我的关系有点紧张，不知为什么她老是朝我发火，其中的原因连我也不明白，真令人头痛。（　　）

30. 学生对老师：关于毕业以后的工作问题，自己干哪一种职业好，心里一点也不清楚，老师，有没有正确选择职业的心理测试之类的方法？（　　）

【测定结果的评定】

对照下面的正确答案表，以上30个话题内容中，每正确判断一小题得1分。

| 题号 | 正确答案 | 题号 | 正确答案 | 题号 | 正确答案 |
|---|---|---|---|---|---|
| 1 | C | 11 | D | 21 | B |
| 2 | D | 12 | A | 22 | D |
| 3 | C | 13 | B | 23 | B |
| 4 | A | 14 | D | 24 | D |
| 5 | A | 15 | B | 25 | C |
| 6 | D | 16 | B | 26 | C |
| 7 | D | 17 | B | 27 | A |
| 8 | C | 18 | C | 28 | B |
| 9 | C | 19 | B | 29 | C |
| 10 | A | 20 | A | 30 | B |

然后,将合计所得的原始得分按下表换算成标准得分。

| 原始得分 ||||  标准得分 |
|---|---|---|---|---|
| 13～16 岁 | 17～21 岁 | 22～30 岁 | 31 岁以上 | |
| 23～30 分 | 25～30 分 | 27～30 分 | 28～30 分 | 5 |
| 18～22 分 | 20～24 分 | 22～26 分 | 23～27 分 | 4 |
| 14～17 分 | 16～19 分 | 18～21 分 | 18－22 分 | 3 |
| 11～13 分 | 13～15 分 | 15～17 分 | 15～17 分 | 2 |
| 0～10 分 | 0～12 分 | 0～14 分 | 0～14 分 | 1 |

**【测定结果的说明】**

标准得分"5"的人,具有良好的感受、理解能力,能正确地理解他人的情绪和要求。

标准得分"4"的人,对于他人的理解、共感能力基本合格,能与他人进行积极的感情交流。

标准得分"3"的人,共感能力水准一般,对他人的情绪有时能正确地把握,需要加强自己的人际交流效果。

标准得分"2"的人,正确地预知他人的行动、设身处地替他人考虑的共感与交流能力较弱。

标准得分"1"的人,对他人的情绪感受能力和交流能力困难较大,需要不断地改善和训练。

### 知识拓展

在面临强烈的情感波动时,人们脸上或欣喜或悲痛的表情稍纵即逝。一项新的研究表明,他人更容易通过一个人的肢体语言来了解其强烈的情感,而不是通过面部表情。

"大多数对面部表情的研究是以可辨识的固化表情——如照片中的表情——为基础的,但是固化的照片往往不能准确反映人们的实际表情。"以色列耶路撒冷希伯来大学的神经心理学家希勒尔·阿维泽说。而且,当情绪到达一定极端程度时,强烈的悲痛、喜悦、伤感或者愤怒的表情会惊人地相似。"至少从脸上看,你是无法区分极度悲痛和极度喜悦的。"阿维泽说。

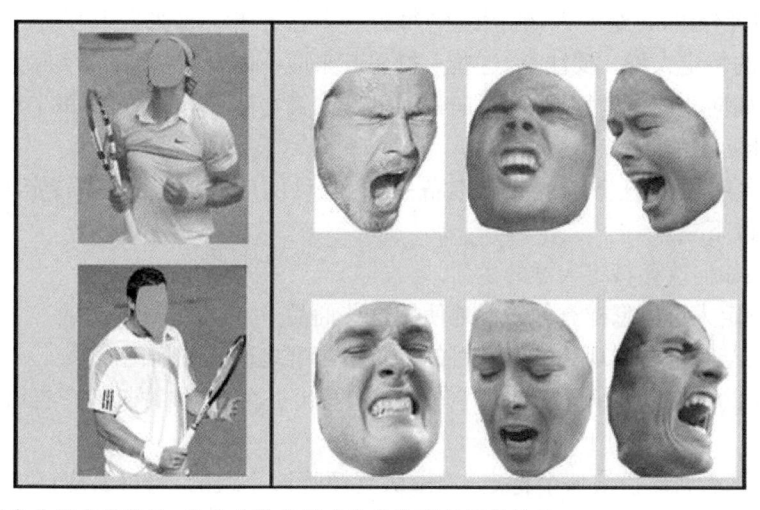

注：若没有身体语言的提示，很难分辨出网球选手是赢者还是输家。

不过大多数人好像很容易分辨另一个人是悲伤还是喜悦。如果不是表情，那是哪些东西在提示我们呢？阿维泽和同事将45名美国普林斯顿大学的学生随机平均分成3组，向他们展示了专业网球运动员的照片。照片上的运动员都刚刚在一场重要比赛中胜利或者失败。学生们将这些表情扭曲的照片评级，从1分到9分按照消极到积极的顺序排序。第一组的学生可以看到运动员全身的照片，第二组只能看到运动员的身体，第三组只能看到运动员的脸。结果只有最后一组学生很难做出正确的判断。这表明不能仅靠面部表情来判断运动员的情绪。

然而，在一项独立试验中，20名参与者被问及他们是利用身体语言或面部表情还是两者同时来判断人的情感时，80%的人相信他们可以仅通过面部表情来判断。"这个结果表明人们偏信面部语言胜过身体语言。"阿维泽说。

为了解身体姿势在其他情境下是否也更能表达情感，研究者们对人们处于强烈情感中的照片进行了类似的试验：葬礼上的哭泣，夺得电视真人秀的大奖，乳头或者耳朵被刺痛等。同样，在不提供身体语言的情况下，判断者很难准确读懂面部表情。他们偏向于将积极情绪的表情看成消极情绪。

然而，旧金山州立大学的心理学家大卫·松本对阿维泽的研究持怀疑态度。在他的研究中，运动员胜利时的表情是其竞争优势的信号——并不完全是一种"积极"情感。

"这一研究结果可以帮助那些难以读懂别人表情的人们。"阿维泽说。"也许在我们读别人的情感时，应该少看一些脸部表情的作用。"要读懂别人的情绪，首先要观察周围环境，他说，"然后看别人的身体语言，最后再看他的脸"。

## 认识他人情绪实训三

### 情商小实验：善解人意

【实验目的】 能够站在他人的角度考虑问题，通过交流能够了解他人情绪，把握他人的情绪变化，设身处地地为他人着想。

【实验步骤】

1. 把受训者分组，每组 4 人，然后发给每组一个任务卡。每张卡上写着一件商品的名字以及它应卖给的特定人群。要注意，这些人群看起来应不需要这些商品，实际上应该完全拒绝这些商品。比如向非洲人销售羽绒服、向爱斯基摩人销售冰箱等。总之，每个小组面临的挑战是，销售不可能卖出的商品。

2. 每个小组应根据任务卡的要求准备一条 30 秒的广告语，用来向特定人群推销商品。该广告应注意以下三点：

（1）该商品如何改善特定人群的生活。

（2）这些特定人群应怎样有创造性地使用这些商品。

（3）该商品与特定人群现有的特有目的和价值标准之间是如何匹配的。

3. 给每组 20 分钟的时间，按照上述三点要求写出一个 30 秒钟长的广告语，要注意趣味、创造性。

4. 其他受训者暂时扮演那个特定人群，认真倾听该小组的广告词，应该根据广告能否打动他们、是否激起了他们的购买欲望、是否能满足某个特定需求来做出判断。最后通过举手的方式，统计出有多少人会被说服而购买这个产品；有多少人觉得这些推销员很可笑，简直是白费力气。

5. 选出优胜的一组，给予奖励。

【相关讨论】

1. 善解人意在我们的生活和工作中扮演何种角色？做到这点是否给你带来好处？

2. 为了与你的客户甚至是反对你的人心意相通，你需要作出哪些让步和牺牲？

3. 在推销你们组的商品时，你们是怎么分析特定人群与此商品的关系的？你们是否考虑过他们的习惯、需要、想法和价值标准？

4. 你一定遇到过这种情况：有时候你的目标和他人的需要并不一致，你纵有雄心壮志却无人欣赏？在做这个游戏之前你怎么处理的？做过这个游戏后你将如何改进你的方法？

【实验总结】

1. 在这个游戏中，每个人都必须采用他人的视角。第一次是把自己看成你的目标人群，以他们的眼光看你的产品；第二次是其他学员以卡片中特定人群的视角，倾听广告。

2. 讨论一下"情商"——善解人意，以他人的价值标准和能力为基础实现自己的目标。善于成功地驾驭这种能力的人能够感动和影响他人。

## 知识拓展

### 如何辨识虚伪的人

虚伪的人只能骗我们一时，却不能骗我们一世。但是，如果能够及时识破他的虚伪，也能够避免走很多弯路。

虚伪即不诚实、欺骗别人，说谎是其必然的手段。理查三世（1452—1485）时期的著名建筑师黑斯廷斯宣扬说："我认为在信奉基督教的国家里，从来就没有一个人能将他的爱和恨隐藏于心底，因为只要你透过他的面部表情就能够了解他的内心世界。"然而令人惊奇的是，我们识别谎言的能力往往较弱。在一次很有代表性的研究中，对 109 个人进行观察，只有 3 个人识别谎言的概率超过 70%。

大家常常认为紧张不安是欺骗行为和说谎的信号。或许情况真的是这样，但是有些人在自然的情况下也会坐立不安，更有甚者，另外一些人即使说的全是真话，还是怕别人怀疑他而显得坐立不安。同时有些人则全不同，即使他们说谎也能表现得心平气和、充满自信。有时还认为一个游离的眼神是不诚实的标志，事实上，我们眼神向下或偏向一边是由于内心的负罪感或害羞，这就像由于悲伤而双目垂视，由于厌恶和愤恨而将目光偏向一边。然而，有时凝视的眼神却是一个不诚实言语的线索。撒谎者事先处理了不安的情绪和游移不定的眼神，并设法掩饰这些表情。

识别谎言的一个关键线索就是微笑。说谎人的微笑很少表现出真实的情感，更多的是为了掩饰内心的感情世界。研究显示，微笑并伴随着较高的说话音调是揭穿谎言的最有力的证据。

假笑源于情感的缺乏。由于缺乏感情，微笑时神情显得有些茫然，嘴角上扬，一副愉快的病态假象，好像在说：这绝非是我的真实感受。假笑的识别也许更为困难，而下面的几种面部表情会无意识地将一个人的假笑暴露无遗：

第一，笑时只运用大颧骨部位的肌肉，只是嘴动了动。眼睛周围的轮匝肌和面颊拉长，这就是假笑。因此假笑时面颊的肌肉松弛，眼睛不会眯起。狡猾的撒谎者将大颧骨部位的肌肉层层皱起来补偿这些缺憾，这一动作会影响到眼轮匝肌和松弛的面颊并能使眼睛眯起，从而使假笑看起来更加真实可信。

第二，假笑保持的时间能特别长。真实的微笑持续的时间只能在2/3秒到4秒钟之间，其时间长短主要取决于感情的强烈程度。而假笑则不同，它就像聚会后仍然不肯离去的客人一样让人感到别扭。这主要是因为假笑缺乏真实情感的内在激励，所以我们就不知道何时将其结束。其实，任何一种表情如果持续的时间超过10秒钟或5秒钟，大部分都可能是假的。只有一些强烈情感的展现如愤怒、狂喜和抑郁属例外，而这些表情持续的时间常常更为短暂。

第三，当看到他人有感情的真笑自然褪去时，假笑也会随之而去。对于绝大部分表情来说，突然的开始和结束就表明我们在有意识地运用这种表情。而只有惊奇是例外，它一闪即过，从开始、保持到停止总的时间不会超过一秒，如果持续时间更长，他的惊奇就是装出来的。很多人能模仿惊奇的表情动作——眼眉上挑、嘴巴张大——但很少人能模仿惊奇的突然开始和结束。

第四，假笑时，面孔两边的表情常常会有些许的不对称。习惯于用右手的人，假笑时左嘴角挑得更高，习惯于用左手的人，右嘴角挑得更高。

极细微的表情展现常常是我们识别谎言的关键，以表情的细微变化作为识别谎言的证据相当不易。一个更为复杂也更为普遍的现象是：说大话唬人。当一个人感到他那伪装的表情失败了，通常情况下，他还会用微笑迅速将其掩盖。而有些人则通过说大话唬对方来隐藏其内心的真实情感，它保持的时间比表情发生细微变化持续的时间要长。在这期间，我们甚至不能明了说话者的真实情感，而能察觉到的常常只有大话本身。

眨眼速率的加快和瞳孔的变大也是内心变化的正常反应。除了含糊其词、支吾搪塞外，它们还能表达激动、忧虑、恐惧、愤怒以及其他强烈情感。当说话者所说的话与其内心的强烈情感不相称时，眨眼的速度就会变慢或变快，因此眨眼对我们特别有用。这些都需要耐心和细致的观察力，要一眼就能够识别虚伪的人是很困难的，只有通过理论，再加上实战经验，才能保持敏锐的知人察人的能力。

# 认识他人情绪实训四

## 情商小游戏:杀人游戏

【实验目的】 通过倾听他人的言论和观察他人的表情、眼神、肢体语言等去了解对方的情绪,从而推断对方的情绪变化。游戏吸引人的地方在于具有一定的挑战性,在指证杀手和自我辩解的过程中,如何设法掩饰自己的杀手身份,如何理智地猜测真正的杀手,非常考验个人的判断力、说服力和表述能力。

【游戏人物】
法官:控制游戏进程的人。明确每个人的身份,要做到绝对公正。
杀手:每晚出动杀一人。
警察:每晚出动指认一位杀手,法官会反馈是否正确。
平民:夜晚始终闭上眼睛,对杀手行凶完全不知。
参加人数及警匪配置:
参加人数限定在7~16人范围内。
其中玩家数在:
7~10人,则为2警2匪配置,
11~14人,则为3警3匪配置,
15~16人,则为4警4匪配置。

【基本原则】
1. 警察:找出杀手并带领平民公决出杀手。
(公决:通过投票令游戏者中一人出局的行为)
2. 杀手:找出警察并杀掉。
3. 平民:帮助警察公决出杀手。任何时候平民都不得故意帮助杀手。杀手千方百计充好人,贼喊捉贼,假仁假义,迷惑平民;而警察就是责无旁贷地抓住杀手,伸张正义,平民就协助警察找出杀手。整个游戏中只有1人心知肚明,那就是法官,可是法官不能吐露半字真言。游戏最终是正义战胜邪恶,还是坏人终究得逞,全凭游戏者的智力和经验。

【游戏规则】
以10人为例:
1. 根据人数准备好11张牌,按照不同的花色事前规定好法官1人、杀手2人、警察2人、平民6人。
2. 法官开始主持游戏,众人要根据所抽到牌的身份听从法官的口令,不可作弊。
3. 法官说:黑夜来临了,请大家闭上眼睛睡觉了。此时只有法官一人能看到大家的情况,等大家都闭上眼睛。
4. 法官又说:请杀手睁开眼睛,出来杀人。听到此令,只有抽到杀手牌的两个杀手睁眼互相认识一下,成为本轮游戏中最先达成同盟的群体。任意一位杀手示意法官,杀掉在座的任意一位。
5. 法官看清楚后说:杀手闭眼。这时候所有杀手立刻闭眼。一轮黑夜中只可以杀死一人。

6. 接着法官说：警察请睁眼。抽到警察牌的警察睁开眼睛相互认识后，可以怀疑闭眼的任意一位为杀手，同时，法官向警察示意怀疑对象是否杀手，法官大拇指向上表示怀疑对象是杀手，法官大拇指向下表示怀疑对象不是杀手。

7. 完成后，法官说：警察请闭眼。稍后说：天亮了，大家都可以睁开眼睛了。

8. 法官宣布谁被杀了，此人为第一个被杀之人。被杀者可以留下遗言，说罢，被杀者在本轮游戏中将不能够再发言。法官主持，众人从被杀者下一个人开始顺时针逐个陈述自己的意见，提出自己的怀疑对象。

9. 陈述完毕，由法官主持大家按顺时针的顺序举手表决，得票最多的那个人本轮出局，可以留遗言（留遗言人数与警匪人数相同。即如果是3警3匪配置，则前后3个死人，包括被杀者和被公决者，可留遗言）。

10. 在投票过程中，如出现得最多票数者达到一人以上，则由平票者进行再一轮的发言，发言过后再次对平票人进行投票，得票多的人出局；若再次出现平票，则由平票人以外的其他人逐一发言，之后投票，得票多的人出局；若仍然平票，则本局为平局。

11. 在聆听了遗言后，新的夜晚来到了。又是凶手出来杀人，然后警察确认身份，如此往复，杀手杀掉全部的警察，杀手获胜，所有的杀手出局，则平民与警察获胜，如果平民全部被杀则是平局。

【杀人游戏胜负判定方法】

1. 杀手一方全部死去，警察一方获胜。
2. 警察一方全部死去，杀手一方获胜。
3. 平民全部死去为平局。
4. 平民的胜负与警察相同。即，警察赢则平民为赢；警察输则平民为输。
5. 在投票过程中，如出现得最多票数者达到一人以上，则由平票者进行再一轮的发言，发言过后再次对平票人进行投票，得票多的人出局；若再次出现平票，则由平票人以外的其他人逐一发言，之后投票，得票多的人出局；若仍然平票，则本局为平局。

【注意事项】

1. 游戏过程中，法官享有绝对权威，任何人不得以任何形式（包括语言、表情、动作等）对法官提出质疑。如有疑问请在一局游戏结束后提出。
2. 游戏本着娱乐的目的，请避免带有个人情绪的行为及进行人身攻击。
3. 请勿使用以人格、名誉、性别等手段赌咒发誓的非正当方法取得他人信任。
4. 游戏过程中发言须在轮到自己发言时发言，别人发言时即使被提问也无权回答。
5. 除特殊情况外，游戏以警察或杀手一方全部出局为结束标准。玩家（平民除外）有权选择投降，但己方尚有同伴活着的时候严禁投降。
6. 游戏中严禁亮牌。法官未宣布游戏结束前，任何人无权提前结束游戏。
7. 杀人或验人或自杀时要少数服从多数，法官也将遵循这一准则确定结果。
8. 不允许连续两局第一轮杀同一个人。
9. 游戏时玩家之间禁止任何形式的身体接触。
10. 发言应尽量言简意赅。玩家须认真倾听他人的发言，过后请勿询问。
11. 投票时应事先做好决定，不得跟票或补票。跟票或补票将被记为无效票。
12. 游戏过程中玩家因私事需要临时外出时要征得他人的同意。
13. 已经出局的玩家可以离席，也可以继续观看游戏，但不得做出任何影响游戏进行的举动。
14. 游戏中误睁眼的玩家需主动申请出局。如本人未主动要求,则法官有权判其出局。
15. 请勿做任何作弊动作。任何时候法官都有权令违反规则的玩家出局。

【实验总结】
1. 如果你是"好人"

(1)做好充分心理准备——被"杀"死的准备。在第一夜,"杀手"会无情地"杀"死一个好人,在座的每个人都可能成为第一个受害者。这个人会死得很难看,天亮时,你已经死了,而每个人看上去都很无辜。但你还要留下线索,这时往往"直觉"作用很大,判断失误率也较高,很可能误导剩下的好人。此后惨案陆续发生,好人的神经也更紧张,黑夜里你可能死于"杀手"的刀下,白天你可能死于好人们的"误杀"。

(2)要用自己的"风格"(沉默? 微笑? 辩解? 澄清?)让大家相信你真的是"好人"。大多数时候,真诚是很重要的,尤其在人多时,你的犹豫和不坚定会掀起群体性的怀疑和攻击。

(3)一定要指出你的怀疑对象。因为比较嫩的"杀手"总是指东指西,一副犹豫不决的样子。作为好人,你一旦表现得不确定,好人们是不会对你手软的。

(4)注意观察被"杀"者顺序。任何一个"杀手"都有自己的"杀人"风格。比如先"杀"男的再"杀"女的、先"杀"身边的再"杀"对面的等等。而且,当有两个或两个以上"杀手"时,你要考虑什么样的"杀手"组合会以什么样的顺序"杀人"。这里的经验是:优秀的"杀手"总是先"杀"不太受人注意的人物,因为他们留下的线索最少。

(5)注意投票裁决"杀"人时的举手情况。稚嫩的"杀手"容易跟风,他会在关键时候最后举手(或不那么坚定),以便到达"杀"一个人要求的半数票。

(6)找出比较嫩的"杀手"用逻辑,但遇到手段高超的"杀手",你就要凭感觉了。有一个绝密:当游戏进行到最后,那个表现最成熟、理由最充分、看起来最无辜的家伙,必定是"杀手"。

2. 如果你是"杀手"

(1)绝对镇定。第一次当"杀手"的人总是按捺不住激动,这从脸色、小动作、谈话语气中就暴露了。而真正的"冷面杀手"最好面无表情,至少在刚刚拿到"杀手"牌的时候要做到。

(2)尽量自然。在游戏进行中,你要像往常一样,该说就说、该乐就乐、该沉默就沉默,不要让人家看出你与上局游戏中的表现差别太大。

(3)"杀"人要狠。无论是单个"杀手"行凶还是多个"杀手"合谋,"杀"人时一定要迅速决绝,不要心慈手软。一般"杀"死大家认为与你很亲近的人,最能赢得别人的信任,好人们会以为你不可能这么无情。

(4)先杀那些不爱说话的。因为这样的好人多是还没想清楚,他死了,一般不会留下对你不利的"遗言"。不过这也要见机行事,有时候留下那些摇摆不定的好人,会让局面更乱,你就可以乱中取胜了。

(5)指证"杀手"时要明确,举手投票"杀人"时要坚定。"杀手"要明确,除了在黑夜里你可以肆无忌惮地"杀"人,在白天你可是个"大好人",你要坚决地指认你认为的"杀手",还要为你认为的好人辩护。学会帮好人说话,往往可以赢得好人的好感,你自己隐蔽得就更深了。

(6)当人数越来越少、局势越来越清晰的时候,"杀手"一定要表现得思路清晰。每次发言你都要澄清两个问题:你为什么不可能是"杀手";谁谁为什么一定是"杀手"。但是,别忘了人是有感情的动物,这时候,诚恳、简洁的解释更为有力。

3. 如果你是裁判

按程序办事。因为事关"生死",每个人都想说话。这个游戏容易造成一片混乱的局面,裁判要像法官,严格按程序办事,发言者言尽则止,不许反复陈说。所有判决都要经过举手投票表决,因为人们往往在投票的刹那念头就发生了变化。

### 知识拓展

#### 驴子和骡子

驴子和骡子分别驮着货物赶路,驴子由于弱小难以负担,非常有礼貌地请骡子帮他分担部分货物。但骡子置若罔闻,毫无同情之心。当它们走到山路上时,驴子滚到山下摔死了,驮夫只好把所有的货物都放在骡子身上。这时它追悔莫及,只有艰难地向前移动。

妻子正在厨房炒菜。丈夫在他旁边一直唠叨不停:"慢些。小心!火太大了!赶快把鱼翻过来,快铲起来,油放太多了!把豆腐整平一下。哎哟,锅子歪了!"

"请你住口!"妻子脱口而出,"我懂得怎样炒菜。"

"你当然懂,太太,"丈夫平静地答道,"我只是要让你知道,我在开车时,你在旁边喋喋不休,我的感觉如何。"

学会体谅他人并不困难,只要你愿意认真地站在对方的角度和立场看问题。

## 认识他人情绪实训五

### 情商小游戏:我理解

**【知识目标】**

1. 让学生学会站在他人的角度思考问题。
2. 学会关心、体谅别人,有爱心。

**【能力目标】**

1. 使学生能学会如何站在他人角度思考问题。
2. 如何通过活动增进学生同理心的程度。

**【情感、态度、价值观】**

学会站在他人的角度看问题,而不是光从自己这方面来考虑问题。培养学生无论是对同学、老师、家长都有一个同理心,能够学会宽容待人。

**【教学准备】**

有字卡片;《三国演义》里"草船借箭"中诸葛亮与鲁肃一起坐船,前往曹营的片段;让学生思考回答的问题资料。

**【教学过程】**

1. 导入

"猜字游戏":今天我们先来做一个游戏。下面请出两位同学上台。有哪两位同学自动请缨呢? 好。我们的游戏叫"猜字游戏"。相信你们也看过或者做过。就是一位同学通过动作或言语解释,但解释时不能出现要猜的字,另一位同学则去猜(约3组,15分钟,先让学生可以有语言地解释,接着就是只能用动作表演解释)。

问题：

(1)有语言的解释与只有动作的解释，哪个更容易？

(2)大家想一下，今天的游戏有可能说明了什么呢？（有学生会回答心灵相通之类的，可稍加赞赏，因为心灵相通与同理心有一定程度上的符合。）

小结：理解是游戏成功的关键。在人际交往中，理解也是必不可少的。缺乏理解的人际关系就会缺少关爱与情感。心理学上有个专业名字叫"同理心"。在心理咨询里面，它就叫作"共情"，其实原理是一样的，就是站在他人的角度思考问题，急人之急，忧人之忧。"同理心"决定着我们人际的敏感度。而人际敏感度又在很大程度上影响着我们的人际关系。所以，我们得学会站在他人角度思考问题。

2. 拓展（主体活动）

(1)刚才的游戏只是让我们了解了一下理解与"同理心"的作用。下面我们要来练习一下，如何培养自己的"同理心"。我这里准备了《三国演义》中"草船借箭"的一个片段。大家带着两个问题去看，完后认真思考，并将你们的答案说出来。

问题1：当时的鲁肃心情如何？他可能的想法是什么呢？

问题2：当时诸葛亮的心情又如何？他的想法又可能是什么？

(2)接下来，我们继续思考几个问题。通过这些问题，培养大家的"同理心"。大家好好想一下，如果你是当时的主角，你会怎么想？又会有什么样的感受？（共四个问题）

课堂总结：人际交往中，往往需要大家站在他人的角度思考一些问题，如果大家的"同理心"能力不强，那么在体会他人感觉时就体会不准确，这样就影响到大家的交往。所以，希望各位同学尝试着多点换角度思考问题，努力提升自己的人际能力。

【问题资料】

问题1：小B人比较文静，不爱参与班上活动，常常独来独往，班上其他同学都说他很古怪，并用怪异的眼神看他。

如果你是小B，你会有什么感受？

你希望别人如何待你？

问题2：小A是某班的女同学，没有高挑的身材，挺胖的，她从不主动跟别人聊天，在被动跟别人交往时，她也是显得挺紧张的，而同学们也偶尔在背后议论她。

如果你是小A，你会有什么感受？

你希望别人怎么样对待你？

问题3：小A最近明显感觉到同年级里的小B常以仇恨的眼神瞪她，有时偶尔碰面时，小B还会口出脏言粗语骂他。

如果你是小A，你会有什么感受？

又会怎么想？

你又希望小B怎么样做？

问题4：甲和乙之前感情挺好，可是最近一段时间里，乙和丙相当好，他们中午一起吃饭、下学后一起走，而渐渐冷落了甲。

如果你是甲，你会有什么感受？

又会怎么想？

你希望乙和丙怎么样做？

## 认识他人情绪实训六

### 情商小游戏:盲人走路

【游戏介绍】

在日常的学习、生活中,我们不难听到这样的对话,老师(或家长):"你啊,能不能体谅一下做老师或家长的一番苦心,不能再抓紧点时间,努力一把,把学习搞上去?"学生:"我已经很用功、很努力了,难道活着除了学习、提高成绩、考上大学外,就没有别的事? 世界这么精彩,生命如此短暂,难道我就不能做点学习以外的事吗?"

下面我们来做一个游戏:盲人走路。

教师根据教室大小,请3~4组学生参加游戏,每组2人。具体游戏方法如下:

(1)两名学生中的一人扮演盲人,另一名学生扮演向导。

(2)用毛巾或三角巾蒙住"盲人"的眼睛,"向导"用手拉着"盲人"的手,一起站在教室后方。

(3)在"向导"的扶持下,"盲人"从教室后方走到黑板前,绕讲台一周,在各列桌椅中穿行一次,然后再回到原地。

(4)几组同学可以走相同的路线,但为了避免相互碰撞,前后要相隔一段距离。

(5)整个过程中,"盲人"不能睁眼或伸手摸桌椅、讲台,完全依赖于"向导",其他学生也不能给予任何提示。

(6)"盲人"能安全回到原地者即为胜利。

为了提高学生们的兴趣,教师还可以根据情况增加内容,如:多设几个路障;"向导"不用手拉着"盲人",而是完全用口头指令;增加一组学生参加游戏等等。但是,由于时间和空间的限制,不可能让每个学生都体验一下做盲人的感受,学生可以在下课后再做这个游戏,做游戏时注意安全。

教师提问刚才分别扮演盲人和向导的学生,在游戏过程中有何感受? 并问全班学生,这个游戏说明了什么?

【游戏总结】

1. 告诉学生:这个世界需要理解、关心和爱。有一种能力叫作"同理心",它是心理咨询学术语。就是设想其他人的生活状况和心情的能力。这种能力能够帮助学生站在他人的角度上考虑问题,理解他人,并尽力为他人提供方便和帮助。同时,当与别人发生争执时,或不同意对方的观点、行为时,学会问问自己,"如果我是他,在那种情况下,我会怎样想或怎样做?"

2. 告诉学生:每个人在学习、生活中常常需要别人的帮助,这种需求并非都是"说"出来的,有许多是通过身体语言表达出来的。学生们应学会观察、读懂这些身体语言,理解他人的心情。此外,能够设身处地地为他人着想,不仅使学生具有爱心,受人欢迎,而且有助于在与别人发生矛盾时问题的解决。

【课后练习】

请学生思考:对于爸爸、妈妈、爷爷、奶奶等亲人,你该怎样在日常生活中关心、体贴他们? 此外,你身边还有没有需要你帮助的人,你应该怎样去帮助他们?

## 案例拓展

### 第六枚戒指

在美国经济萧条时期,只有一张中专毕业证书的17岁女孩玛利亚,好不容易找到一份临时工作,在一家珠宝店当售货员。她的母亲喜忧参半:一方面家有了指望,另一方面又为女儿的毛手毛脚而担心。

这份工作对玛利亚母女太重要了。中学毕业后,正赶上大萧条,一个差事会有几十个甚至上百的失业者争夺。多亏母亲在面试前赶做了一身整洁的海军蓝,才得以被这家珠宝行录用。

在商店的一楼,玛利亚干得挺欢。第一周,受到领班的称赞。第二周,玛利亚被破例调往楼上。

楼上珠宝部是商场的心脏,专营珍宝和高级饰物。整层楼排列着气派很大的展品橱窗,还有两个专供客人看购珠宝的小屋。

玛利亚的职责是管理商品,在经理室外帮忙和传接电话,要干得热情、敏捷,还要防盗。

圣诞节临近,工作日益紧张、兴奋,玛利亚也忧虑起来。忙季过后玛利亚就得走了,恢复往昔可怕的奔波日子。然而幸运之神却来临了。

一天下午,玛利亚听到经理对总管说:"那个小管理员很不赖,我挺喜欢她那个快活劲。"

玛利亚竖起耳朵听到总管回答:"是,这姑娘挺不错,我正有留下她的意思。"

这让玛利亚回家时蹦跳了一路。

翌日,玛利亚冒雨赶到店里。距圣诞节只剩下一周时间,全店人员都绷紧了神经。玛利亚整理戒指时,瞥见那边柜台前站着一个男人,高个头儿,白皮肤,大约三十来岁。但他脸上的表情吓了玛利亚一跳,他几乎就是这不幸年代的贫民缩影。一脸的悲伤、愤怒、惶惑,有如陷入了他人置下的陷阱。剪裁得体的法兰绒服装已是褴褛不堪,诉说着主人的遭遇。他用一种永不可企的绝望眼神,盯着那些宝石。

玛利亚感到因为同情而涌起的悲伤。但玛利亚还牵挂着其他事,很快就把他忘了。

小屋打来要货电话,玛利亚进橱窗最里边取珠宝。当玛利亚急急地挪出来时,衣袖碰落了一个碟子,六枚精美绝伦的钻石戒指滚落到地上。总管先生激动不安地匆匆赶来,但没有发火。他知道玛利亚这一天是在怎样干活,只是说:"快捡起来,放回碟子。"

玛利亚弯着腰,几欲泪下地说:"先生,小屋还有顾客等着呢。"

"我去那边,孩子。你快捡起这些戒指!"

玛利亚用近乎狂乱的速度捡回五枚戒指,但怎么也找不到第六枚。玛利亚寻思它是滚落到橱窗的夹缝里了,就跑过去细细搜寻。没有!玛利亚突然瞥见那个高个男子正向出口走去。顿时,玛利亚明白戒指在哪儿了。碟子打翻的一瞬,他正在场!

当他的手就要触及门柄时,玛利亚柔声叫道:"对不起,先生。"

他转过身来。漫长的一分钟里,他们无言对视。玛利亚祈祷着,不管怎样,让我挽回我在商店里的未来吧!跌落戒指是很糟,但终会被忘却,要是丢掉一枚,那简直不敢想象!而此刻,我若表现得急躁——即便我判断正确——也终会使我所有美好的希望化为泡影。

"什么事?"他问。他的脸肌在抽搐。

玛利亚确信她的命运掌握在他手里。玛利亚能感觉得出他进店不是想偷什么。他也许想得到片刻温暖和感受一下美好的时辰。玛利亚深知什么是苦寻工作而又一无所获。玛利亚还能想象得出这个可怜人是以怎样的心情看这社会:一些人在购买奢侈品,而他一家老小却无以果腹。

"什么事?"他再次问道。猛地,玛利亚知道该怎样作答了。母亲说过,大多数人都是心地善良的。玛利亚不认为这个男人会伤害自己。玛利亚望望窗外,此时大雾弥漫。

"这是我的第一份工作。现在找个事儿做很难,是不是?"玛利亚说。

他长久地审视着玛利亚,渐渐,一丝十分柔和的微笑浮现在他脸上。"是的,的确如此。"他回答,"但我能肯定,你在这里会干得不错。我可以为你祝福吗?"

他伸出手与玛利亚相握。玛利亚低声地说:"也祝您好运。"他推开店门,消失在浓雾里。

玛利亚慢慢转过身,将手中的第六枚戒指放回了原处。

玛利亚是一个同理心情商很高的人,她既具备自我觉察力,又能很好地控制自己的情绪,这种能力帮她正确地揣摩那位男子的心情和感受。最后,玛利亚成功地找回了戒指,保住了工作,而且还为那位男子提供了一个"回头是岸"的机会,让他真正体会到了宽容的力量。

弗洛伊德说过:"人无秘密可言,即使他们嘴上不说,内心的秘密也会通过每一个毛孔泄露出来。"

其实,每个人天生都有体察他们情感和情绪的敏感性。如果一个人不具备这种敏感性,就会产生"情感失灵"。这种失灵会使人们在社交场合做傻事,或者误解别人的情绪;或者对别人的感受无动于衷;或者说话和行为不考虑时间和场合。所有这些都会导致对别人的不理解、不宽容、不谅解,从而也会致使别人对自己产生误解。

我们应该培养同理心,学着设身处地地为他人着想,学会从对方的立场来看问题,这样会使自己的观点更客观,态度更冷静。如果人人都能用一颗同情之心对待他人,那么到处都会呈现和睦融洽的景象,生活也会变得更加美好!

# 第六章 人际关系处理能力实训

## 案例导入

### 研发部的梁经理

研发部梁经理才进公司不到一年,工作表现颇受主管赞赏,不管是专业能力还是管理绩效,都获得了大家的肯定。在他的缜密规划之下,研发部一些延宕已久的项目,都在积极推行当中。

部门主管李副总发现,梁经理到研发部以来,几乎每天加班。他经常第二天来看到梁经理电子邮件的发送时间是前一天晚上 10 点多,接着甚至又看到当天早上 7 点多发送的另一封邮件。这个部门下班时总是梁经理最晚离开,上班时总是梁经理第一个到。但是,即使在工作量吃紧的时候,其他同仁似乎都准时走,很少跟着他留下来。平常也难得见到梁经理和他的部属或是同级主管进行沟通。

李副总对梁经理怎么和其他同事、部属沟通工作觉得好奇,开始观察他的沟通方式。原来,梁经理都是以电子邮件交代部署工作。他的属下除非必要,也都是以电子邮件回复工作进度及提出问题,很少找他当面报告或讨论。对其他同事也是如此,电子邮件似乎被梁经理当作和同仁们合作的最佳沟通工具。

但是,最近大家似乎开始对梁经理这样的沟通方式反映不佳。李副总发觉,梁经理的部属对部门逐渐没有向心力,除了不配合加班,还只执行交办的工作,不太主动提出企划或问题。而其他各部门主管,也不会像梁经理刚到研发部时,主动到他房间聊聊,大家见了面,只是客气地点个头。开会时的讨论,也都是公事公办的味道居多。

李副总趁着在楼梯间抽烟碰到另一个部门的陈经理时,以闲聊的方式问及此事,陈经理说梁经理工作相当认真,可能对工作以外的事就没有多花心思。李副总也就没再多问。

这天,李副总刚好经过梁经理房间门口,听到他打电话,讨论内容似乎和陈经理业务范围有关。他到陈经理那里,刚好陈经理也在说电话。李副总听谈话内容,确定是两位经理在谈话。之后,他找了陈经理,问他怎么一回事。明明两个主管的办公房间就在隔邻,为什么不直接走过去说说就好了,竟然是用电话谈。

陈经理笑答,这个电话是梁经理打来的,梁经理似乎比较希望用电话讨论工作,而不是当面沟通。陈经理曾试着要在梁经理房间谈,而不是电话沟通。梁经理不是最短的时间结束谈话,就是眼睛还一直盯着计算机屏幕,让他不得不赶紧离开。陈经理说,几次以后,他也宁愿用电话的方式沟通,免得让别人觉得自己过于热情。

了解这些情形后,李副总找了梁经理聊聊,梁经理觉得,效率应该是最需要追求的目标,所以他希望用最节省时间的方式,达到工作要求。李副总以过来人的经验告诉梁经理,工作效率固然重要,但良好的沟通绝对会让工作进行顺畅许多。

很多管理者都忽视了人际关系处理的重要性,而是一味地强调工作效率。实际上,面对面沟通交流所花的些许时间成本,绝对能让人际关系大为增进。提高人际交往能力看似小事情,实则意义重大!人际交往能力较高的人,工作效率自然就会提高,忽视人际交往,工作效率势必下降。

## 第一节　人际关系处理概况

### 一、人际关系的含义及动机

(一)人际关系的含义

人际关系也称"人际交往",是指社会人群中因交往而构成的相互依存和相互联系的社会关系。由定义可知,人际关系本质上是一种社会关系。

每一个人都生活在一定的社会关系中,任何人都不可能脱离社会关系,因而人们会时时受到各种社会关系的影响和制约。社会关系是多种多样的,有同事关系、队友关系、朋友关系、师生关系等。我们不断地和不同的人接触,便产生了不同的社会关系。人际关系正是蕴含在这些社会关系之中,并通过这些关系反映出来。

(二)人际关系的分类

(1)就内容而言,分为:经济关系、政治关系、法律关系、道德关系、信仰关系、文化关系等。

(2)就状态而言,分为:正常关系、竞争关系、协作关系、障碍与冲突关系以及封闭状态关系。

(3)最普遍的分法是以交往的不同角度来分,以交往频率、交往距离、交往层次、交往的复杂程度、交往双方所属社会群体性质来分。频率高、关系密的称为首属关系;反之,则为次属关系。

(4)按其关系媒介,分为:业缘关系、血缘关系、地缘关系和趣缘关系。

(5)从心理学角度来分,分为:

①按需求性质,分为:情感关系和工具性关系。

②按喜欢程度,分为:吸引性关系和排斥性关系。

③按双方相互地位,分为:支配性关系和平等性关系。

④按关系存在的时间,分为:长期性关系和临时性关系。

(三)人际关系的动机

心理学家舒茨于1958年对大量有关社会行为的资料进行了分析,结果发现,在人际关系的动机方面,有三种基本的人际需要,即包容需要、影响需要、感情需要。我们可以根据这三种基本人际需要和相应的行为表现,来描述、解释和预测人际关系现象。

1. 包容需要

包容需要指人们希望与别人发生相互作用、建立联系,并建立和维持和谐关系的需要。由这一需要激发的人际交往动机与行为,基本取向是增进人与人之间的相互作用水平,因而以交往、沟通、归属、参与、融合为特征;这一需要的反向表现取向则是降低人与人之间的相互作用水平,它使人们的人际交往带有孤立、退缩、疏远、忽视、排斥的特征。

2. 影响需要

影响需要指在影响力方面与别人建立并维持良好人际关系的需要。由这一需要激发的积极动机和行为,以运用权力、权威、超越、影响、控制、支配和领导他人为特征,这一需要的反向表现,则使人的人际交往表现出抗拒权威、忽视秩序、受人支配或追随别人的特征。

3. 感情需要

感情需要指在感情与爱情上与别人建立和维持亲密联系的需要。这一需要激发的积极动机与行为包括喜爱、亲密、同情、友善、热心和关怀等;这一需要的反向表现,则以人际交往上的冷漠、厌恶、憎恨等为特征。

## 二、人际关系的重要性及交往原则

(一)人际关系的重要性

人际关系的重要性是不言而喻的。首先,人际关系能够提供人们基本的社会需要,这一点在前面人际关系的动机里已经有所论述。

其次,人际关系能够帮助我们在事业上取得成功。

查斯特·菲尔德说,我们所处的这个社会,人际关系非常重要。如果能够慎重地建立关系,而且妥善维持的话,成功指日可待。

几乎所有的励志类书籍在谈到如何取得成功的时候都会强调人际关系的重要性,这一点是不言而喻的。美国著名成人教育家戴尔·卡耐基认为,人际关系是成功的最重要的因素。他指出:一个人事业的成功,只有15%是由于他的专业技术,另外的85%要靠人际关系、处世技巧。

确实是这样,对于人生来讲,人际关系是非常巨大的财富。当一个人解决了一个巨大的困难,抓到了一次绝好的机会,或者取得了某些辉煌的成就时,总是会提到"有贵人相助",这便是人际关系所起的作用。

(二)人际交往的原则

1. 平等原则

平等是建立人际关系的前提。在人际交往中每一个人总要有一定的付出或投入,交往的双方各自的需要和这种需要的满足程度必须是平等的。人际交往作为人们之间的心理沟通,是主动的、相互的、有来有往的。每一个人都有友爱和受人尊敬的需要,都希望得到别人的平等对待,人的这种需要,就是平等的需要。

在人际交往中,平等是最基本的原则,在人格上,千万不要因为自己的某些条件较为占优就表现出一种居高临下、我尊你卑的态度,我们在人格上都是平等的。在处事上,我们也千万不要抱有占他人小便宜的想法,这样吃亏的一方便不会愿意再和你合作共事,占小便宜的结果最终是要吃大亏的。

2. 相容原则

相容是指人际交往中的心理相容,即指人与人之间的融洽关系,与人相处时的容纳、包涵、宽容及忍让。要做到心理相容,就要从心理上接纳别人。要接纳别人,可以采取的方法有:增加交往频率;寻找共同点;谦虚和宽容。

宽容是这个世界上最大的美德,也是最难做到的一点,我们经常会为一点鸡毛蒜皮的小矛盾而耿耿于怀,看对方不顺眼,相处起来也总是不自在,这其实是一种非常痛苦的状态。在这里我们需要学习的是,为人处世要心胸开阔、宽以待人。要体谅他人,遇事多为别人着想,即使别人犯了错误,或冒犯了自己,也不要斤斤计较,以免因小失大,伤害相互之间的感情。只要干事业、有利于团结,作出一些让步是值得的。

3. 互利原则

建立良好的人际关系离不开互助互利。从功利主义的角度而言,人际关系能够得以相互依存,正是因为交往双方都得到了最大的利益,交往双方通过对物质、能量、精神、感情的交换而使各自的需要得到满足。如果缺少了互利原则,人际关系是维持不下去的,也没有维持的必要。

4. 信用原则

信用即指一个人诚实、不欺骗、遵守诺言,从而取得他人的信任。人离不开交往,交往离不开信用。在人际交往中,我们要做到说话算数,不轻许诺言。与人交往时要热情友好、以诚相待、不卑不亢、端庄而不过于矜持、谦逊而不矫饰做作,要充分显示自己的自信心。一个有自信心的人,才可能取得别人的信赖。处事果断、富有主见、精神饱满、充满自信的人就容易激发别人的交往动机,博取别人的信任,产生使人乐于与你交往的魅力。

### 三、人际关系的基本模式

英国著名心理学家爱利克·伯奈根据个体对自己和对他人所采取的态度,将人际交往归为以下四种模式。

(一)我不好—你好,我不行—你行

是一种常见的心理自卑者与他人的交往关系。特点是:交往的一方深深感到自己是无能和愚笨的,无论做什么都不行,似乎所有的人都比自己强得多。持这种交往心态的人对自己相当消极,常给自己消极的评价,觉得自己处处不如人,也对不起人,往往选择牺牲自己来成全他人的快乐。

这种人与人交往的时候往往会过度赞美他人而过度贬低自己。刚开始与这种人交往的时候会觉得很舒服,但时间长了,这种交往就会让另一方感觉很不舒服,由于这种人总是给他人过度赞美的评价,所以很难让人相信这些赞美的真实性。

(二)我好—你不好,我行—你不行

这种人总认为自己对别人好,而别人对自己不好,为此愤愤不平,把人际交往中的失败与挫折归结为他人不好,或者把自己看成是充满了优越感的人,把交往的对方当作缺乏头脑的笨蛋。

这种人似乎充满自信,其实是虚弱的,他们的心理防御倾向往往比较突出。这种对他人否定的态度在与人交往的时候不可避免地会流露出来,所以多数人会因为难以忍受这种傲慢的态度而中止与他的交往。

(三)我不好—你也不好,我不行—你也不行

交往者自认低能,同时也认为别人并不比自己优越多少。他们既不相信自己,也不崇拜他

人;他们既不会去爱人,也拒绝别人的爱。

这种人常常陷入可悲的场面,他们捧着灰白的面孔,无论走到哪里,都带来生活的低潮,而且常常得不到他人的怜悯。

(四)我好——你也好,我行——你也行

这是一种健康的心理状态,它的特点是:充分体会到自己拥有一种强大的理性能力,并对生活的价值有着恰当的理解。他们是爱自己与爱他人、相信自己与相信他人的统一。虽然他们并非十全十美,但他们能客观地悦纳自己和他人,正视现实,并努力去改变他们能改变的事物。他们善于去发现自己、他人和世界的光明面。肯定自己也肯定他人,态度开放、真诚、自然。人们喜欢与之交往,因为这种人的生活中充满了阳光,在交流的过程中彼此肯定、共同提高。

### 四、处理人际关系的十大黄金法则

现代人的生存压力除了工作,很重要的是人际关系。人际关系如何,常常决定了一个人的状态。那么,如何处理人际关系呢?如何让人际关系不破坏工作和生活状态,甚至有益于我们的工作和生活呢?具体讲,是十大法则:

(一)换位思考,善解人意

这是处理人际关系的第一要则。人都习惯从自己的角度观察问题,如自己的利益、自己的愿望、自己的情绪、自己的一厢情愿,从上述角度观察事物,常常很难了解他人。公说公理、婆说婆理的现象比比皆是。一切双边的、多边的人际关系冲突几乎都是这样的。只要站在客观的立场就会发现,冲突的双方常常完全不理解对方。那么,想处理好自己和他人的双边关系,最大的飞跃就是改变从我出发的单向观察与思维。要善于从对方的角度观察事物。在此基础上,善解他人之意。如此处理双边关系,就有了更多的合理方法。不会换位思考、善解人意,就没有别开生面的新人际关系。

(二)己所不欲,勿施于人

这个原则是对由彼观彼、善解人意的首要注释。是处理人际关系必须遵循的金科玉律。这是真正的平等待人,是古往今来都适用的民主精神。不懂得这一点,才会有那么多的一厢情愿,才会有那么多的无理待人。己所不欲勿施于人,无论是对同事、部下、朋友、合作伙伴还是对恋人,都该遵循。不懂得这一点,往一般了说,很难成就自己,往高了说,很难成为伟大人物。每个人都可能伟大。谁能融会贯通地实施己所不欲而勿施于人,就可能造就自己的成功与伟大。

(三)不求取免费的午餐

这个世界原本没有免费的午餐。不懂得这一点,与不懂得己所不欲勿施于人这一条相关。人们并不愿意给不相干的人提供免费午餐,然而,事情反过来针对自己时,往往就不明白道理了。别人有成就了,我应该分享。别人有钱了,我应该沾点光。别人有名声有地位,似乎都该瓜分。殊不知无功受禄、不劳而获,古往今来都令人厌恶。

心中生出求取免费午餐的念头,常令人生萎缩、心灵低劣,没有出息。有的人即使没有索取免费午餐的行为,但同样的心理活动连绵不断。各种各样的嫉羡和天上掉馅饼的白日梦充斥大脑。与之相关的诸多不平衡与恶毒的攻击性更使他备受折磨。

放下索取免费午餐之心,就多了清静和坦然,也多了自信与奋进之心。

（四）己所欲而推及于人

懂得了己所不欲勿施于人，进一步就该懂得己所欲而推及于人。自己不喜欢的事情，不强加给他人。自己渴望的事情，要想到他人也可能渴望。做到了这一条，人生状态就相当高级了。

当你渴望安全感时，就要理解他人对安全感的需要，甚至帮助他人实现安全感。你渴望被理解、被关切和爱，就要知道如何力所能及地给予他人理解、关切和爱。给予他人理解与关切，会在高水平上调整融洽彼此的关系，也能很好地调整自己的状态——好状态既来自对方的回报，也是自己"给予"的结果。善待别人，同时就善待了自己。

（五）永远不忘欣赏他人

这条原则是对己所欲而推及于人的首要注释。

每个人都希望得到理解与欣赏，得到欣赏是一个人在这个世界生活与奋斗的很大动力。小时候，父母的欣赏会使孩子积极兴奋地上进发展，老师的欣赏会使学生废寝忘食地努力学习。成年了，社会的欣赏是一个人工作的最大动力之一。善于欣赏他人，就是给予他人的最大善意，也是最成熟的人格。每个人都既坚强又软弱。在渴望欣赏这一点上，很天才的人其实都很软弱。如果得到的欣赏太稀缺，天才也会枯萎。

（六）诚信待人

诚信被人们谈了又谈，这里绝非人云亦云。因为我们理解，善待别人就是善待自己，因此，诚信待人不仅为了在别人那里造成一种印象，也不仅为了塑造自己的美德与品牌。这种质朴自然由真心流露的诚信，本身就是生活的需求。

在诚信待人的状态中，我们找到安详和思维的流淌通畅。诚信待人，诚信做事，可以使我们理直气壮、正气凛然、心胸开阔、心无挂碍。诚信不仅是一种待人的态度，本身就是生活的质量。诚信不是生活的手段，而是生活的目的。一个人能够诚信地生活，是因为他有智慧、有状态、有条件。即使从世俗的角度来看，诚信也常常造就最杰出的成功。

（七）和气宽仁

古人讲和气生财。不仅在商业活动中，在方方面面，和气的性格都是成功的要素。两个货摊卖同样的东西，一个摊主拉长着脸，一个摊主一脸和气，后者的生意肯定要好做得多。仅从经济学角度讲，买一份货，外搭一份和气，要远比买一份货还得搭一张长脸合算得多。这么一看，和气也是含金的，和气也是商品。

和气待人与和气待己是一回事。和气待人，必然宽容。当我们和气宽仁地对待所有人时，就相当完整地、和气宽仁地对待整个世界了。这个道理对朋友们自然毋庸多言。重要的不是停留在道理上，而要在实践中体验。如果你原本待人不和气、不宽仁，这不要紧，不需要强扭硬拽。只要一点点做起来，就好像做一种精神操，你会在每一次对别人的和气宽仁中体会心态的放松和开阔。于是，你会进一步和气宽仁。一个良性循环就渐渐改变了你。

（八）不靠言语取悦于人，而靠行动取信于人

在处理人际关系时，有些人喜欢急功近利，追求短期效应，恨不能讨好一切人，应酬好一切关系。这是拙劣低下的表现。说其拙劣低下，因为它是一种虚假。这个世界上人和人的聪明不差多少，短期效应的手法有可能奏效一时，但难以维持长久。按照正确的原则处理人际关系，是我们的自然流露，是我们长期的准则。相信别人总会理解和信任自己。即使有不理解、不信任也无所谓，这就是永远不怕半夜鬼敲门的境界。

### （九）要雪中送炭，不要锦上添花

当别人需要帮助时，你要尽力帮助。当别人顺风扬帆时，不必随大流凑热闹。这是由彼观彼、善解人意的自然行为逻辑，是诚信待人的自然表现。

### （十）以德报德，以直报怨

在生活中，有人有恩德于你，有人因伤害过你而有冤仇于你，应该如何对待这些德和怨？以德报德，该是没有疑义的。别人帮助了我们，我们自然要回报人家。对于怨呢？一种方式是"以怨报怨"。别人伤害了我，我要同等报复他。还有一种态度是"以德报怨"。别人伤害了我，我反过来还要给他笑脸和各种利益关照。这两种态度摆在面前，你取哪一种？你可能会先在理性上删去以怨报怨。那么，"以德报怨"是否很好的态度呢？当你抉择不下时，我们就可以说出古代圣人孔子的回答了。

《论语》中有这样一段，或曰："以德报怨，何如？"子曰："何以报德？以直报怨，以德报德。"这就是孔子的回答。有人问：以德报怨怎么样？孔子说：如果以德报怨，那你拿什么来报德呢？所以，孔子的结论是，应该"以直报怨，以德报德"。

当别人有恩德于我们时，自然要回报恩德。当别人伤害侵犯了我们，既不以怨报怨，因为那样就降低了自己的水平，与别人的错误做法对等混战；我们也不以德报怨，因为那会使得这个世界没有是非，甚至可能助长罪恶。

以直报怨，就是用正直的态度来对待怨恨。以直报怨，这里包含着道义的谴责，包含着不降低自己水准与对方混战的尊严，包含着既正义凛然又克制的沉默，还包含着一如既往诚信待人的基本信条。

## 第二节 人际关系处理能力实训项目

任何一个人都无法在与人隔绝的情况下健康生活。换言之，人际交往对人来说就像空气一样，不可缺少。

人是感情动物，必须时刻进行情感上的交流，需要获得友谊。在迈向成功的道路上，要想坚持到底，仅仅依靠信念的支撑是不够的，良好的人际关系会使你获得一种强大的力量和热情，在成功时得到分享和提醒，在挫折时得到倾诉和鼓励，这必将会有助于你心理的平衡。

人出生后就开始了人际交往。个体在与家人、同伴的交往中，积累了社会经验，学到了社会生活所必需的知识、技能、态度、伦理道德规范等，从而自立于社会，取得社会的认可，成为一个成熟的、社会化的人。

### 人际关系处理能力实训一

**情商小测试：你的人际交往能力强吗？**

根据自己的实际情况，认真考虑下列问题，从所给备选答案中选出最符合自己的一项。

1. 每到一个新的场合，我对那里原来不认识的人，总是：（　　）

   A. 能很快记住他们的姓名，并成为朋友

   B. 尽管也想记住他们的姓名并成为朋友，但很难做到

C. 喜欢一个人消磨时光,不太想结交朋友,因此不注意他们的姓名

2. 我所以打算结识人交朋友的动机是:(　　)

A. 我认为朋友能使我生活愉快

B. 朋友们喜欢我

C. 能帮助我解决问题

3. 你和朋友交往时持续的时间多是:(　　)

A. 很久,时有来往

B. 有长有短

C. 根据情况变化,不断弃旧更新

4. 你对曾在精神上、物质上诸多方面帮助过你的朋友总是:(　　)

A. 感激在心,永世不忘,并时常向朋友提及此事

B. 认为朋友间互相帮助是应该的,不必客气

C. 事过境迁,抛在脑后

5. 在我生活中发生困难或发生不幸的时候:(　　)

A. 了解我情况的朋友,几乎都曾安慰和帮助我

B. 只是那些很知己的朋友来安慰、帮助我

C. 几乎没有朋友登门

6. 你和那些气质、性格、生活方式不同的人相处的时候总是:(　　)

A. 适应比较慢

B. 几乎很难或不能适应

C. 能很快适应

7. 对那些异性朋友、同事,我:(　　)

A. 只是在十分必要的情况下才会接近他们

B. 几乎和他们没有交往

C. 能同他们接近,并正常交往

8. 你对朋友、同事们的劝告和批评总是:(　　)

A. 能接受一部分

B. 难以接受

C. 很乐意接受

9. 在对待朋友的生活、工作诸多方面,我喜欢:(　　)

A. 只赞扬他(她)的优点

B. 只批评他(她)的缺点

C. 因为是朋友,所以既要赞扬他的优点,也要指出不足或批评他的缺点

10. 在我情绪不好、工作很忙的时候,朋友请求我帮他(她),我:(　　)

A. 找个借口推辞

B. 表现出不耐烦,断然拒绝

C. 表示有兴趣,尽力而为

11. 我在穿针引线编织自己的人际网络时,只希望把这些人编入:(　　)

A. 上司、有权势者

B. 只要诚实,心地善良

C. 与自己社会地位相同或低于自己的人

12. 当我生活、工作遇到困难的时候,我:(　　)

A. 向来不求助于人,即使无能为力也是如此

B. 很少求助于人,只是确实无能为力时,才请朋友帮助

C. 事无巨细,都喜欢向朋友求助

13. 你结交朋友的途径通常是:(　　)

A. 通过朋友介绍

B. 在各种场合接触中

C. 只是经过较长时间相处了解而结交

14. 如果你的朋友做了一件使你不愉快的事,你:(　　)

A. 以牙还牙也回敬一下

B. 宽容、原谅

C. 敬而远之

15. 你对朋友们的隐私总是:(　　)

A. 很感兴趣,热心传播

B. 宽容、原谅

C. 敬而远之

**【游戏计分规则】**

| 题号 | A | B | C | 题号 | A | B | C |
| --- | --- | --- | --- | --- | --- | --- | --- |
| 1 | 1 | 3 | 5 | 9 | 3 | 5 | 1 |
| 2 | 1 | 3 | 5 | 10 | 3 | 5 | 1 |
| 3 | 1 | 3 | 5 | 11 | 5 | 1 | 3 |
| 4 | 1 | 3 | 5 | 12 | 5 | 1 | 3 |
| 5 | 1 | 3 | 5 | 13 | 5 | 1 | 3 |
| 6 | 3 | 5 | 1 | 14 | 5 | 1 | 3 |
| 7 | 3 | 5 | 1 | 15 | 5 | 1 | 3 |
| 8 | 3 | 5 | 1 |   |   |   |   |

**【游戏说明】**

得分在 15~29 分:人际交往能力强。

得分在 30~57 分:人际交往能力一般。

得分在 58~75 分:人际交往能力较差。

### 知识拓展

## 学会欣赏他人

几乎所有的人都懂得处理好人际关系的重要性。但尽管如此,大多数人都不知道怎样才

能处理好人际关系。其实，高情商的人都知道，处理人际关系的诀窍在于你必须有开放的人格，能真正去欣赏他人。

戴尔·卡耐基在其《人性的弱点》里面谈到过，人性的弱点之一就是希望他人欣赏、尊重自己，而自己又不愿意去欣赏和尊重他人。人非常容易看到他人的缺点而很难看到他人的优点，我们必须克服这些人性的弱点，客观地观察他人和自己，你会惊奇地发现，原来自己还有许多不足，而身边的人都有值得你学习和借鉴的地方。我们不能因为他人有一点比你差的缺点就否定他，而是应该因为他人有一点比你强的优点而去欣赏和尊重、肯定他人，你会惊奇地发现，只要你仔细观察，世上所有你接触到的人，都有比你强的优点。

19世纪末，美国西部有一个坏孩子，他偷偷地向邻居家的窗户扔石头，还把死兔子装进桶里放到学校的火炉里烧烤，弄得臭气熏天。他9岁那年，父亲娶了继母，父亲告诉她要好好注意这孩子。继母好奇地走近这个孩子。当她了解孩子之后说："你错了，他不坏，而且很聪明，只是他的聪明还没有得到发挥。"继母很欣赏这个孩子，在她的引导下，这孩子的聪明得到了发挥，后来成了美国当代著名的企业家和思想家，这个人就是戴尔·卡耐基。

有一个著名作家去一家餐馆用餐，老板对他说："我亲爱的朋友，你还记得我吗？"作家说："抱歉，先生，我好像记不起来了。"老板拿来一张20年前的旧报纸，那里有作家的一篇文章。那时他在一家报社当记者。这是一篇关于小偷的报道，小偷手法高超，作案上千次，次次得手，最后栽在一个反扒高手的手里。文章感叹道："像心思如此细密、手法如此灵巧的小偷，做任何一件事情都会有成就吧！"老板告诉他："先生，不瞒您说，我就是那个小偷，是您的这段话引导我走上了正路。"

学会欣赏他人吧！欣赏你的同事，你和同事之间会合作得更加愉快；欣赏你的下属，下属会工作得更加努力；欣赏你的爱人，你们的爱情会更加甜蜜；欣赏你的孩子，他会学习得更加勤奋……

用欣赏别人的方式去处理人际关系有许多好处：

第一，成本最低，不用花钱请客送礼，不用伪装自己去浪费感情。

第二，风险最低，不必担心当面奉承、背后忍不住发牢骚而露馅，不必担心讲假话而提心吊胆、寝食不安。

第三，收获最大，因为你能真心尊重和欣赏他人，你便会去学习他人的优点来克服自己的弱点，使自己不断地完善和进步。

一个懂得用欣赏他人的方式处理人际关系的人会过得很愉快，他人也会同样欣赏他。而一个提倡欣赏和尊重人的团队将会是一个关系融洽的大家庭，团队中的每一位成员都会欣赏和尊重他人，每一位成员会受到他人的欣赏和尊重，每一位成员都会心情舒畅。于是，这个团队的凝聚力就会提高。

## 人际关系处理能力实训二

### 情商实验：你画对了吗？

【实验目的】 此实验让学生刻骨铭心地记住沟通的重要性，可以触发学生对追求有效沟通的热情，同时可以发现学生在这个方面的欠缺。

【实验步骤】

1. 请大家拿出一张白纸和一支笔。
2. 请大家在纸上画一个椭圆。
3. 请大家在椭圆内画倾斜度为45度的两根平行线。
4. 请大家按照平行线的端点画两个半圆。
5. 好了！这样一个简单的游戏检验了大家的沟通能力。
6. 请各位把白纸举起来向大家展示。

你会发现大家在同样的要求下画的图案完全不一样，这时大家相互笑作一团，非常不好意思。这时你把下图展示给大家。

标准的图形

让大家回顾这个活动的过程，犯了这样几个错误：大家的惯性思维把椭圆横着画，因为这样画大家感到比较有安全感，认为像鸡蛋样子的椭圆横着放才能平稳，因为自己的第一感觉良好，没有人给我沟通应横着画还是竖着画，所以大家第一步就画错了。下面的每一个步骤很少有人问一问这个任务的注意事项。

【相关讨论】
1. 请问你画的对吗？
2. 请问你在执行行动时有沟通吗？
3. 请你谈谈这个游戏对我们的工作有哪些启示和意义？

知识拓展

## 别太把自己当回事

别太把自己当回事，是人际交往的一个重要原则。这并非是妄自菲薄，这是一种谦虚的态度，减少对方和你的距离，让他人更容易亲近你。

布思·塔金顿是20世纪美国著名的小说家和剧作家，他的作品《伟大的安伯森斯》和《爱丽丝·亚当斯》均获得普利策奖。在塔金顿声名最鼎盛的时期，他在多种场合讲述过这样一个故事：

在一个"红十字会"举办的艺术家作品展览会上，我作为特邀贵宾参加了展览会。其间，有两个十六七岁的小女孩来到我面前，虔诚地向我索要签名。

"我没带自来水笔,用铅笔可以吗?"我其实知道她们不会拒绝,我只是想表现一下一位著名作家谦和的态度。"当然可以。"小女孩们果然爽快地答应了,我看得出她们很兴奋,当然她们的兴奋也使我倍感欣慰。

一个女孩将一个非常精致的笔记本递给我,我拿着铅笔,潇洒自如地写上了几句鼓励的话,并签上我的名字。女孩看过我的签名后,眉头皱了起来,她仔细看了看我,问道:"你不是罗伯特·查波斯啊?""不是,"我非常自负地告诉她,"我是布思·塔金顿,《爱丽丝·亚当斯》的作者,两次普利策奖获得者。"小女孩将头转向另外一个女孩,耸耸肩说道:"玛丽,把你的橡皮借我用用。"

那一刻,我所有的自负和骄傲都化为乌有。从此以后,我时刻告诫自己:无论自己多么出色,都别太把自己当回事。

即便你是一个不可多得的人才,也应该谦虚谨慎。一个人如果妄自尊大,把谁都不放在眼里,他的所作所为全都是以自我为中心,一切似乎都应该接受他的掌控,他一定会一天到晚都被烦恼包围。

电影明星洛依德将车开到检修站,一个女工接待了他。她熟练灵巧的双手和年轻俊美的容貌一下子吸引了他。

整个巴黎都知道他,但这个姑娘却没有表示出丝毫的惊讶和兴奋。

"您喜欢看电影吗?"他不禁问道。

"当然喜欢,我是个电影迷。"

她手脚麻利,看得出她的修车技术非常熟练。半小时不到,她就修好了车。

"您可以开走了,先生。"

他却依依不舍:"小姐,您可以陪我去兜兜风吗?"

"不,先生,我还有工作。"

"这同样是您的工作。您修的车,难道不亲自检查一下吗?"

"好吧,是您开还是我开?"

"当然我开,是我邀请您的嘛!"

车跑得很好。姑娘说:"看来没有什么问题,请让我下车好吗?"

"怎么,您不想再陪陪我吗? 我再问您一遍,您喜欢看电影吗?"

"我回答过了,喜欢,而且是个影迷。"

"您不认识我?"

"怎么不认识,您一来我就认出,您是阿列克斯·洛依德。"

"既然如此,您为何对我这样冷淡?"

"不!您错了,我没有冷淡。只是没有像别的女孩子那样狂热。您有您的成绩,我有我的工作。您今天来修车,是我的顾客,我就像接待顾客一样接待您。将来如果您不再是明星了,再来修车,我也会像今天一样接待您。人与人之间不应该是这样吗?"

他沉默了。在这个普通的女工面前,他感觉自己的浅薄与狂妄。

"小姐,谢谢您让我受到了一次很好的教育。现在,我送您回去。再要修车的话,我还会来找您。"

人与人之间应该是平等地交往,这种交往不应该因人的身份、地位以及财富等不同而有所不同,因为每个人在人格上都是平等的。平等地与人交往,既是对自己人格的尊重,也是对他人人格的尊重。

## 人际关系处理能力实训三

**情商实验：你站对了吗？**

【实验目的】 让学员体会沟通的方法有很多，当环境和条件受到限制时，你是怎样去改变自己，用什么方法来解决问题？

【实验要求】

人数：14～16个人为一组比较合适。

时间：30分钟。

材料及场地：摄像机、眼罩及小贴纸和空地。

【实验步骤】

1. 让每位学员戴上眼罩；
2. 给他们每人一个号，但这个号只有本人知道；
3. 让小组根据每人的号数，按从小到大的顺序排列出一条直线；
4. 全过程不能说话，只要有人说话或脱下眼罩，游戏结束；
5. 全过程录像，并在点评之前放给学员看。

【相关讨论】

1. 你是用什么方法来通知小组你的位置和号数？
2. 沟通中都遇到了什么问题，你是怎么解决这些问题的？
3. 你觉得还有什么更好的方法？

**知识拓展**

### 不要摆架子

爱摆架子的人，人人看见都会敬而远之。能够放下身份地位，同其他人愉快相处的人才让人由衷喜爱。乐于接近周围的人，随时保持快乐的心情，愿意说些家常话，给人一种像自己家人一样亲切感觉的人，往往使人乐于接近，而且发自真心地受到吸引。

托尔斯泰在一次长途旅行时,路过一个小火车站。他想去站台上走走,便来到月台上。这时,一列客车正要开动,汽笛已经拉响了。托尔斯泰正在月台上慢慢地走着。忽然,一位女士从列车车窗里冲他喊:"老头儿!老头儿!快替我到候车室把我的手提包取来,我忘记提过来了。"原来,这位女士见托尔斯泰衣着简朴,还沾了不少尘土,把他当作车站的搬运工了。

托尔斯泰赶忙跑进候车室拿来提包,递给了这位女士。

女士感激地说:"谢谢啦!"随手递给托尔斯泰一枚硬币,说:"这是赏给你的。"

托尔斯泰接过硬币,瞧了瞧,装进了口袋。

正巧,这位女士身边有位旅客认出了这个风尘仆仆的"搬运工"就是托尔斯泰,就大声对女士叫道:"太太,您知道您赏钱给谁了吗?他就是托尔斯泰呀!"

"啊!老天爷呀!"女士惊呼起来:"我这是在干什么事呀!"她对托尔斯泰急切地解释说:"托尔斯泰先生!托尔斯泰先生!看在上帝的面子上,请别计较!请把硬币还给我吧,我怎么会给您小费,多不好意思!我这是干出什么事来啦。"

"太太,您干吗这么激动?"托尔斯泰平静地说,"您又没做什么坏事!这个硬币是我挣来的,我得收下。"

汽笛再次长鸣,列车缓缓开动,带走了那位惶惑不安的女士。

托尔斯泰微笑着,目送列车远去,又继续他的旅行了。

## 人际关系处理能力实训四

### 情商小游戏:七巧板游戏

**【游戏简介】**

一个团队分成7个工作组,模拟企业中不同部门或者各个分支机构,通过团队完成一系列复杂的任务,体验沟通、团队合作、信息共享、资源配置、创新观念、高效思维、领导风格、科学决策等管理主题,系统整合团队。七巧板为培训道具,变幻无穷,寓教于乐,具有无限体验的空间。

**【游戏目标】**

1. 培养团队成员主动沟通的意识,体验有效的沟通渠道和沟通方法。
2. 强调团队的信息与资源共享,通过加强资源的合理配置来提高整体价值。
3. 体会团队之间加强合作的重要性,合理处理竞争关系,实现良性循环。
4. 培养市场开拓意识,更新产品创新观念。
5. 培养学员科学系统的思维方式,增强全局观念。
6. 体会不同的领导风格对于团队完成任务的影响和重要作用。

**【游戏概述】**

1. 项目名称:七巧板。
2. 项目类别:室内/场地,团队。
3. 学员人数:拓展训练一个团队。
4. 总培训时间:85分钟;
   活动布置时间:5分钟;
   活动进行时间:40分钟;

回顾总结时间:40分钟。

5. 培训场地:

(1)场地版:户外一块平整场地,最小4×4=16平方米。

(2)室内版:最小4×4=16平方米,可以用来进行项目。

6. 培训器材:

(1)每组三把椅子,按照下图所示位置摆好。每个组之间距离1.5米,实际上7个组为一个正六边形的六个顶点和一个中心点。

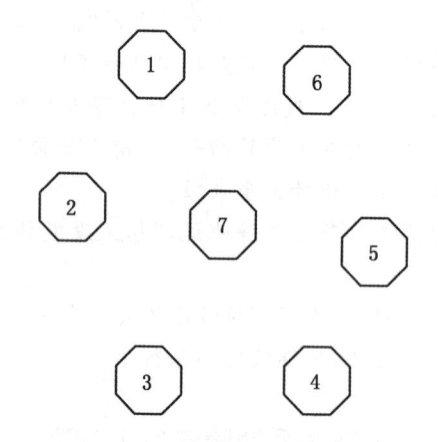

(2)五种颜色的七巧板,共7×5=35块。材料可以选择硬纸板、塑料板或者有机玻璃板。

制作方法:先选择五种颜色同种材料的正方形,边长可以为20cm。然后按照下图将正方形分成七块。这样五种不同颜色的正方形被分成35块七巧板。

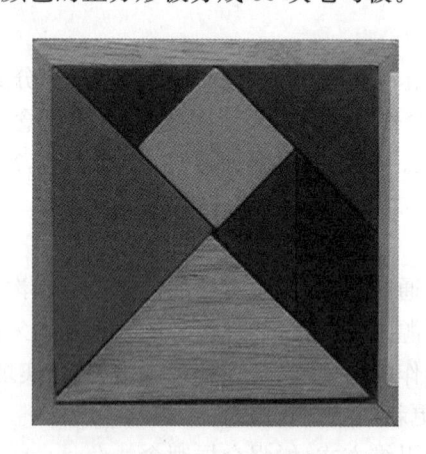

(3)任务书一至七各一张,共7张。

(4)图一至图七,内容分别为:人,骑马的人,马,猫,鸟,鸭子,斧子各一张,共7张。(图纸设计复杂,没有电子版,画好的图纸会传给各位。)

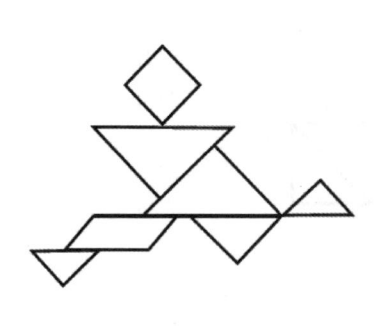

第六章　人际关系处理能力实训　143

图一

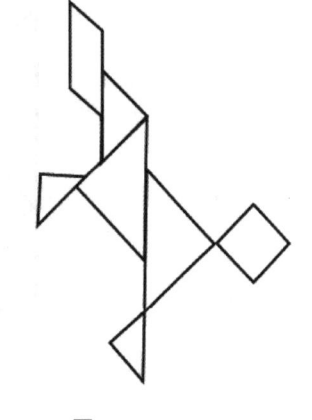

图二

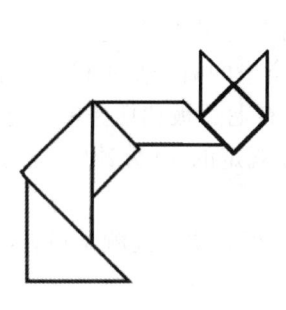

图三

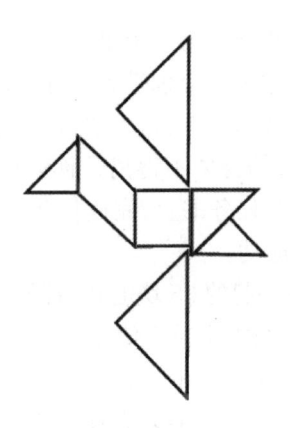

图四

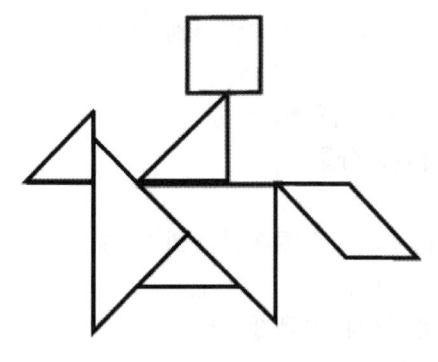

图五

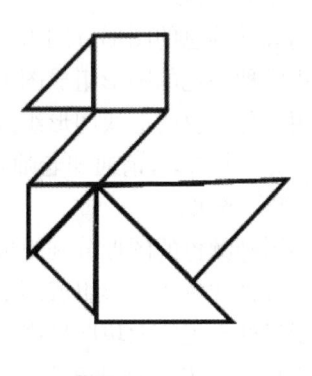

图六

图七

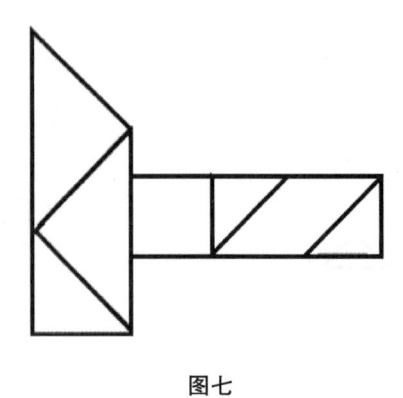

(5)按照记分表做好的大白纸一张或直接在白板上画好。

【游戏步骤】

1. 把团队成员分为 7 个组。

2. 把 7 个组成员分别带到摆好的椅子上坐好。宣布七组的编号。

3. 向所有成员宣布:这个项目叫"七巧板"。大家所坐的椅子是不得移动的。在项目进行过程中,所有人的身体不得离开你们所在的椅子。所有七巧板和任务书只能由第 7 组传递。你们的任务写在任务书上,完成任务会有积分,全队在规定的 40 分钟内,总分达到 1 000 分,团队才算项目成功。

4. 把混在一起的 35 块七巧板随机发给 7 个组,每组 5 块。提醒学员在项目中使用七巧板时注意安全,只能手递手传递,严禁抛扔。

5. 然后将图一至图七按顺序发给 7 个组,最后将任务书一至七按顺序发给 7 个组。

6. 向所有成员宣布:现在项目 40 分钟计时开始,请大家遵守规则,注意安全。

【小组任务书】

第一组任务书:

1. 用五种颜色的图形分别组成图一至图六,每完成一个图案将得到 10 分。

2. 用同种颜色的图形组成图七,完成后将得到 20 分。

3. 用三种颜色的七块图形组成一个长方形,完成后将得到 30 分。

每完成一个图案,请通知老师,老师确认后,将登记分数。

第二组任务书:

1. 用同种颜色的图形分别组成图一至图六,每完成一个图案将得到 10 分。

2. 用五种颜色的图形组成图七,完成后将得到 20 分。

3. 用三种颜色的七块图形组成一个长方形,完成后将得到 30 分。

每完成一个图案,请通知老师,老师确认后,将登记分数。

第三组任务书:

1. 用五种颜色的图形分别组成图一至图六,每完成一个图案将得到 10 分。

2. 用同种颜色的图形组成图七,完成后将得到 20 分。

3. 用三种颜色的七块图形组成一个长方形,完成后将得到 30 分。

每完成一个图案,请通知老师,老师确认后,将登记分数。

第四组任务书:

1. 用同种颜色的图形分别组成图一至图六,每完成一个图案将得到 10 分。

2. 用五种颜色的图形组成图七,完成后将得到 20 分。

3. 用三种颜色的七块图形组成一个长方形,完成后将得到 30 分。

每完成一个图案,请通知老师,老师确认后,将登记分数。

第五组任务书:

1. 用五种颜色的图形分别组成图一至图六,每完成一个图案将得到 10 分。

2. 用同种颜色的图形组成图七,完成后将得到 20 分。

3. 用三种颜色的七块图形组成一个长方形,完成后将得到 30 分。

每完成一个图案,请通知老师,老师确认后,将登记分数。

第六组任务书:

1. 用同种颜色的图形分别组成图一至图六,每完成一个图案将得到 10 分。

2. 用五种颜色的图形组成图七,完成后将得到 20 分。

3. 用三种颜色的七块图形组成一个长方形,完成后将得到 30 分。

每完成一个图案,请通知老师,老师确认后,将登记分数。

第七组任务书:

1. 领导团队在规定时间内完成任务,达到 1 000 分的目标。

2. 指挥其他各组成员,用所有的 35 块图形组成 5 个正方形,每个正方形必须由同种颜色的 7 块图形组成。每完成一个正方形,你将得到 20 分,组成正方形的那个组将得到 40 分。

3. 支持其他各组成员,在规定时间内得到更多的分数,其他各组总分的 10% 将作为你的加分奖励。

【游戏注意事项】

1. 注意要求学员不得移动椅子和身体不得离开所在的椅子。

2. 学员组好图形后,请确认图形,符合要求的,在记分表上记分。

3. 项目时间到 40 分钟时,结束项目,计算各组分数和团队总分。

4. 记分完毕,收回所有 35 块七巧板。

5. 回顾结束后,收回七张任务书和七张图。

### 七巧板记分表

队名:　　　　　　　　　　　　　　　　　　　　　　　　　　总分:

|  | 一 | 二 | 三 | 四 | 五 | 六 | 七 | 八 | 九 | 总分 |
|---|---|---|---|---|---|---|---|---|---|---|
| 一组 |  |  |  |  |  |  |  |  |  |  |
| 二组 |  |  |  |  |  |  |  |  |  |  |
| 三组 |  |  |  |  |  |  |  |  |  |  |
| 四组 |  |  |  |  |  |  |  |  |  |  |
| 五组 |  |  |  |  |  |  |  |  |  |  |
| 六组 |  |  |  |  |  |  |  |  |  |  |
| 七组 |  |  |  |  |  |  |  |  |  |  |

【记分表说明】

1. 记分表要在培训前在大白纸或白板上画好。

2. 项目进行过程中，老师在得到学员组好图形的示意后，到学员那确认学员的组和所组的图形，然后把相应的得分记在记分表的相应位置。记分表第一行标的一至七分别对应图一至图七，八对应的是周围六组的长方形，九对应的是周围六组组的正方形。第七组的第一个格记录的分数为周围六组总分的10%，第二个格记录的是周围六组组成的正方形数乘以5后的分数。注意，正方形只有五个有分，所以周围六组肯定有一组没有正方形的分数。

3. 最后把团队总分算好，如果达到1 000分，则宣布项目成功；如果没有达到，则宣布项目失败。根据任务书的记分规则，如果所有图形在规定的时间内都组好了，总分应该是1 046分。

## 知识拓展

### 幽默是人际交往的润滑剂

幽默是人际交往的润滑剂，它可以使人笑着面对矛盾，轻松解除尴尬。幽默是一种机智地处理复杂问题的应变能力，它往往比单纯的说教、训斥或嘲弄使人开窍得多。幽默是一种优美健康的品质，幽默能缓解矛盾，使人们融洽和谐。幽默轻松地展现了人类征服忧愁的能力。

在2000年8月举行的南部非洲发展共同体首脑会议上，曼德拉一连串妙语连珠的幽默话语征服了上千名与会者。曼德拉作为南非前总统出席了开幕式，主要是为南共体授予他的"卡马勋章"而来。

曼德拉走到讲台前说："这个讲台是为总统们设立的。我这位退休老人今天上台讲话，抢了总统的镜头。我们的总统姆贝基一定很不高兴。"话音刚落，笑声四起。这时，主持人为他搬来一把椅子，请他坐下演讲。他在谢过主持人后说："我今年82岁，站着讲话不会双手颤抖得无法捧读讲稿，等到我百岁讲话时你再给我把椅子搬来。"会场里又是一阵笑声。

曼德拉在笑声后开始正式发言。讲到一半，他把讲稿的页次弄乱了，不得不来回翻看。他脱口而出："我把讲稿页次弄乱了，你们要原谅一位老人。不过，我知道在座的一位总统，在一次发言时也把讲稿页次弄乱了，而他自己却不知道，照样往下念。"这时，整个会场哄堂大笑。"其实，讲稿不是我弄乱的，秘书是不应该犯这样一个错误的。"

结束讲话前，曼德拉说："感谢你们把用一位博茨瓦纳老人名字（指博茨瓦纳开国总统卡马）命名的勋章授予我这位老人。我现在退休在家，如果哪一天没钱花了，我就把这个勋章拿到大街上去卖。我肯定在座的一个人会出高价收购的，他就是我们的总统姆贝基。"这时，姆贝基情不自禁地笑出声来，连连拍手鼓掌，会场里掌声一片。

这就是幽默的魅力，它拉近了演讲者和倾听者之间的心理距离，打消了一位伟人的神秘感，显示出曼德拉高超的智慧和人际沟通能力。

世间没有青春的甘泉，也没有不老的秘诀。80多岁的曼德拉之所以能够保持身体健康、精神矍铄，在离开总统职位后依然能以和平大使的身份活跃在国际舞台上，是因为他在丰富的人生阅历中提炼出了大智慧，在苦难的折磨中品味出了大幽默。

80多岁的曼德拉有着8岁孩子的童心。在会见拳王刘易斯的时候，他表示自己年轻时也是拳击爱好者。于是，刘易斯故意指着自己的下巴让他打，他笑着做出拳击的姿势。

于是，旁边的人问他："假如您年轻时与刘易斯在场上交锋，您能取胜吗？"他说："我可不想年纪轻轻就去送死。"

正是这一连串毫不做作的幽默,让曼德拉展现出了他耀眼的人格魅力。在他周围,总是吸引了许多同事和战友,包括他的亲人。

幽默是一种优美健康的品质,它使生活充满乐趣。哪里有幽默,哪里就有活跃的气氛。谁都喜欢与谈吐不俗、机智风趣的人交往,而不喜欢与郁郁寡欢、孤僻离群的人接近。

幽默是人类独有的特质。一个幽默的人,能够给朋友带来无比的欢乐,并且在人际交往中充满魅力,因而备受欢迎。有些人天生就浑身充满了幽默细胞,但并不是说没有这种禀赋的人就会一辈子刻板严肃。

幽默感是可以训练培养的。那么,通过怎样的训练才能培养出自己的幽默感呢?

(1)敞开你的心胸。就好比阳光晒进屋子里一般,去接受不同的人和事物,这些人和事物会在你的心中留下痕迹,成为幽默感的源泉。

(2)保持愉快的心情。这是幽默感的"土壤",若心情沉郁,老是想一些不快乐的事情,怎能制造出属于快乐的幽默感呢?

(3)累积幽默感的素材。如果你不是能即兴幽默的人,不如大量地看漫画和笑话,从中体会幽默的感觉,久而久之,便可自己制造幽默,至少也可运用看来的笑话。此外,也可体会他人的幽默感,然后模仿一番。

(4)幽默自己。幽默大部分都和人有关系,但有的幽默具有攻击性,因此,不如幽默自己,一方面不得罪人,另一方面也可让人了解你是个心胸广大、好相处的人。

不过有一点必须注意,发挥幽默感时,必须看场合和对象,避免粗俗的幽默,以免闹笑话。

因此,一个"幽默高手"应顾及听者的心情与尊严,避免过度的讥笑与嘲弄,否则自以为幽默的笑话,反而会冒犯他人,得不偿失。所以,西方哲人说:幽默是用来逗人发笑,而不是用来刺伤人心的。

## 人际关系处理能力实训五

### 情商小游戏:迷失丛林

【游戏形式】 全体成员,先以个人形式,之后再以5人为一小组形式完成。

【游戏类型】 团队沟通与协作。

【游戏时间】 30分钟。

【材料】 迷失丛林工作表及专家意见表。

【场地】 教室及会议室。

【游戏目的】

通过具体的活动来说明,团队智慧高于个人智慧的平均组合,只要学会运用团队工作方法,可以达到更好的效果。

【游戏步骤】

1. 教师把"迷失丛林"工作表发给每一位同学,然后讲下面一段故事:你是一名飞行员,但你们驾驶的飞机在飞越非洲丛林上空时飞机突然失事,这时你们必须跳伞。与你们一起落在非洲丛林中的有14样物品,这时你们必须为生存作出一些决定。

2. 在14样物品中,先以个人形式把14样物品以重要顺序排列出来,把答案写在下面所示的表格中。

3. 当大家都完成之后，教师把全班同学分为 5 人一组，让他们开始进行讨论，以小组形式把 14 样物品重新按重要次序再排列，把答案写在工作表的第二栏，讨论时间为 20 分钟。

4. 当小组完成之后，教师把专家意见公布给每个小组，小组成员将把专家意见填在第三栏。

5. 用第三栏减第一栏，取绝对值得出第四栏，用第三栏减第二栏取绝对值得出第五栏，把第四栏累加起来得出个人得分，第五栏累加起来得出小组得分。

6. 教师把每个小组的分数情况记录在白板上，用于分析。

| 小组 | 个人得分 | 团队得分 | 小组平均分 |
|---|---|---|---|
| 1 |  |  |  |
| 2 |  |  |  |
| 3 |  |  |  |
| 4 |  |  |  |
| 5 |  |  |  |

7. 教师在分析时主要掌握两个关键地方：
(1) 找出团队得分低于平均分的小组进行分析，说明团队工作的效果（1+1＞2）。
(2) 找出个人得分最接近团队得分的小组及个人，说明该个人的意见对小组的影响力。

【游戏讨论】
1. 你所在的小组是以什么方法达成共识的？
2. 你的小组是否有垄断现象出现，为什么？
3. 你对团队工作方法是否有更进一步的认识？

迷失丛林

| 序号 | 供应品清单 | 第1步<br>个人排列 | 第2步<br>小组排列 | 第3步<br>专家排列 | 第4步<br>个人和专家排列的差值（绝对值） | 第5步<br>小组与专家排列的差值（绝对值） |
|---|---|---|---|---|---|---|
| A | 药箱 |  |  |  |  |  |
| B | 手提收音机 |  |  |  |  |  |
| C | 打火机 |  |  |  |  |  |
| D | 3 支高尔夫球杆 |  |  |  |  |  |
| E | 7 个大的绿色垃圾袋 |  |  |  |  |  |
| F | 指南针 |  |  |  |  |  |
| G | 蜡烛 |  |  |  |  |  |
| H | 手枪 |  |  |  |  |  |
| I | 一瓶驱虫剂 |  |  |  |  |  |
| J | 大砍刀 |  |  |  |  |  |
| K | 蛇咬药箱 |  |  |  |  |  |

续表

| 序号 | 供应品清单 | 第1步<br>个人排列 | 第2步<br>小组排列 | 第3步<br>专家排列 | 第4步<br>个人和专家排列的差值(绝对值) | 第5步<br>小组与专家排列的差值(绝对值) |
|---|---|---|---|---|---|---|
| L | 一盆轻便食物 | | | | | |
| M | 一张防水毛毯 | | | | | |
| N | 一个热水瓶(空) | | | | | |
| 求和 | | | | | | |

## 案例拓展

### 乔治·罗纳的感谢信

宽容不但是低调做人的一种美德，也是一种明智的处世原则。宽容是人际交往中的"润滑剂"。宽容是一种幸福，生活中多一分宽容，生命就会多一份幸福的空间，生活就会多一分温暖的阳光。宽容铸就了生命的幸福和生活的快乐。

乔治·罗纳曾在维也纳当过多年律师，第二次世界大战期间，他逃到瑞典，变得一文不名，急切地需要一份工作。他会好几个国家的语言，希望能在一些进出口公司找到一份秘书的工作。但是。绝大多数公司都回信告诉他，因为正在打仗，他们不需要用这类人才。不过他们会把他的名字存在档案里……

在这些回复中，有一封信这样写道："你完全没有了解我们的用意。你又蠢又笨，我根本不需要什么替我写信的秘书。即使需要，也不会请你这样一个连瑞典文也写不好、信里全是错字的人。"乔治·罗纳看到这封信时，气得简直要发疯。面对如此的羞辱，乔治·罗纳也决定写一封信气气那个人。但他冷静下来后对自己说："等等！我怎么知道这个人说得不对呢？瑞典文毕竟不是自己的母语。如果真是如此，想要得到一份工作，就必须不断努力学习。他用难听的话来表达他的意见，并不意味着我没有错误。因此，我应该写封信感谢他才对。"

于是，他重新写了一封感谢信："你写信给我，实在是感激不尽，尤其是在你并不需要秘书的情况下，还给我回信。我没有弄清贵公司的业务实在感觉很惭愧。之所以给你回信，是因为听他人介绍，说你是这个行业的领导人物。我的信中有很多语法上的错误，而自己却不知道，我倍感惭愧，而且十分难过。现在，我计划加倍努力学习瑞典文，改正自己的错误，谢谢你帮助我不断地进步。"

这封信发出不久，乔治·罗纳就收到那个人的回信。不仅如此，他还从那家公司获得了一份工作。可见，拥有一颗宽容的心，对自己的人生将会起到至关重要的作用。

一只脚踩扁了紫罗兰，它却把香味留在那脚跟上，这就是宽容。有位智者曾经说过："几分容忍，几分度量，终必能化干戈为玉帛。"正所谓：退一步，海阔天空；让三分，心平气和。对于别人的过失，必要的指责无可厚非，但能以博大的胸怀去宽容别人，就会让世界变得更精彩，以宽容之心度他人之过，你就会活得更加精彩。

宽容，意味着你有良好的心理外壳。对人对己，都可成为一种无须投资便能获得的精神补品。学会宽容不仅有益于身心健康，而且对赢得友谊，保持家庭和睦、婚姻美满，乃至事业的成功都是必要的。

处处宽容别人，绝不是软弱，绝不是面对现实的无可奈何。在短暂的生命历程中，学会宽容，意味着你的生活会更加快乐。屠格涅夫说："不会宽容别人的人，是不配得到别人的宽容的，但谁能说自己不需要别人的宽容呢？"这平凡的话语说出了不平凡的道理。的确，人人都需要别人的宽容，也有别人需要你宽容的时候，只有人人都宽容对方，人与人之间的关系才能和睦，生活才能幸福美满。

## 人际关系处理能力实训六

### 情商小游戏：爱在指间

【游戏目的】 让学生体验人际交往中应遵循交互的原则，学会主动表达对他人的接纳、喜欢和肯定。

【游戏过程】

1. 将团体成员分成相等的两组，分别围成两个圈，一个内圈，一个外圈。内圈成员背向圆心，外圈成员面向圆心。即内外圈同学两两相视而站。所有同学在领导者口令的指挥下，做出相应动作。

2. 当领导者发出"手势"的口令时，每个成员向对方做手指：伸出1个手指表示"我现在还不想认识你"；伸出两个手指表示"我愿意初步认识你，并和你做个点头之交的朋友"；伸出三个手指表示"我很高兴认识你，并想对你有进一步的了解，和你做个普通朋友"；伸出四个手指表示"我很喜欢你，很想和你做好朋友，与你一起分享快乐和痛苦"。

3. 当领导者发出"动作"的口令，成员就按下列规则做出相应的动作：如果两人伸出的手指不一样，则站着不动，什么动作都不需要做；如果两人都是伸出一个手指，那么各自把脸转向自己的右边，并重重地跺一下脚；如果两人都伸出2个手指，那么微笑着向对方点头；如果两人都伸出3个手指，那么主动热情地握住对方的双手；如果两人都伸出4个手指，则热情拥抱对方。

4. 每做完一组"动作—手势"，外圈的同学就分别向右跨一步，和下一个同学相视而站，跟随领导者的口令做出相应的手势和动作。以此类推，直到外圈和内圈的每位同学都完成一组"动作—手势"为止。

【游戏分享】 握手和拥抱让你感觉如何？当你看到别人伸出的手指比你多时，你心中的感觉是怎样的？当你伸出的手指比别人多时，心中的感觉又是怎样的？当你们伸出的手指一样多时，感觉如何？从这个游戏中你得到什么启示？

【分小组讨论】 人际交往中可以通过哪些方式来主动表达对他人的接纳、喜欢和肯定？（学会与人主动交往的方式，如主动与人打招呼、主动帮助别人、主动关心别人、主动约别人一起出去玩等等。）

【结束语】 在人际交往中，我们有一个共同的倾向——希望别人能承认自己的价值，支持自己，接纳自己，喜欢自己。但是任何人都不会无缘无故地喜欢、接纳我们，别人喜欢我们也是有前提的，那就是我们也要喜欢他们，承认他们的价值。也就是说，人际交往中喜欢与讨厌、接近与疏远是相互的。一般而言，喜欢我们的人，我们才会去喜欢他；愿意接近我们的人，我们才会去接近他；而对于疏远厌恶我们的人，我们也会疏远或厌恶他。因此在人际交往中，应遵循交互原则。对于交往的对象,我们应首先主动敞开心扉,接纳、肯定、支持、喜欢他们,保持在人际关系的主动地位,这样别人才会接纳、肯定、支持、喜欢我们。

### 知识拓展

#### "投其所好"也是一种学问

华特尔先生是纽约市一家大银行的员工,奉命写一篇有关某公司的调查报告。他知道该公司董事长拥有他非常需要的资料。于是,华特尔去见董事长,当他被迎进办公室时,一个年轻的妇人从门边探头出来,告诉董事长,她今天没有什么邮票可以给他。

"我在为我那12岁的儿子搜集邮票。"董事长对华特尔解释。

华特尔说明他的来意,开始提出问题。董事长的说法含糊、概括、模棱两可。很显然,这次见面没有取得实际效果。华特尔先生突然想起了董事长感兴趣的邮票,他同时想起,他们银行的外事部从来自世界各地的信件上取下来的那些邮票。

第二天早上,华特尔再去找董事长,他说:"我有一些邮票要送给您的儿子,不知道他是否喜欢。"

"噢,当然。"董事长满脸带着笑意,语气客气得很。

"我的乔治将会喜欢这些。"他不停地说,一面抚弄着那些邮票。"瞧这张,它真是漂亮极了!"

他们花了一个小时谈论邮票,然后又花了一个多小时,华特尔获得了他所想知道的全部资料,华特尔甚至都没提议那么做。董事长把他所知道的,全都告诉了华特尔,甚至传唤他的下属,补充一些事实和数字材料。

在生活中常常就可以看到这样的事情,即使是一个平常沉默寡言的人,一旦谈到他感兴趣的话题,就会滔滔不绝。为了增强你的谈话能力,扩大你的兴趣范围,平常可以多关注一些信息,多参加一些活动,让大家谈话的时候你都可以参与进去。长期坚持下去,你就能看到满意的结果,你就会看到你和陌生人聊天的时候总是能找到聊天的话题,大家都很愿意和你说话。

### 扩展阅读

#### 大学生如何正确处理人际关系

人是社会性动物,正如马克思所言:"人的本质并不是单个人所固有的抽象物,在其现实性上,它是一切社会关系的总和。"进入大学之后,大学生们面临着新的环境、新的群体,重新整合各种关系,处理好与交往对象的关系便成为他们新的生活内容。良好的人际关系不仅是大学生心理健康水平、社会适应能力的重要指标,也是其今后事业发展与人生幸福的基石。

**一、建立良好的人际关系的途径**

建立良好的人际关系,是一个人事业成功的基础。左右逢源,游刃有余,需要一颗宽容的心,需要真诚,需要主动性的积极交往,要塑造良好的个人形象,善用各种交际手段,克服社会知觉中的偏见。

(一)塑造良好的个人形象,增进个人魅力

社会交往中,个体的知识水平与涵养直接影响着交往的效果,良好的个人形象应从点滴开始,从善如流,"勿以善小而不为,勿以恶小而为之",优化个人的社交形象。

1. 提高心理素质。人与人之间的交往,是思想、能力、知识及心理的整体作用,哪一方面的欠缺都会影响人际关系的质量。有的学生在人际交往中存在着社交恐惧、胆怯、羞怯、自卑、冷漠、孤独、封闭、猜疑、自傲、嫉妒等不良心理,这些都不易建立良好的人际关系。因此,大学生应加强自我训练,提高自身的心理素质,以积极的态度进行交往。

2. 提高自身的人际魅力。应该说,每个个体都有其内在的人际魅力,人际魅力是一个人综合素质在社交生活中的体现,这就要求在校的大学生丰富自己的内心世界,从仪表到谈吐,从形象到学识,多方位提高自己。心理学研究表明,初次交往中,良好的社交形象会给对方留下深刻的印象,而随着交往的深入,学识更占主导地位。特别是大学生的个性培养,拓展自己的内涵。

(二)善用交际技巧

1. 换位思考。这对建立良好的人际关系很重要。例如我们经常用的,如果我在他的位置上,我会怎样处理?经常站在对方的角度去理解和处理问题,一切就会变得简单多了。一般而言,善于交往的人,往往善于发现他人的价值,懂得尊重他人,愿意信任他人,对人宽容,能容忍他人有不同的观点和行为,不斤斤计较他人的过失,在可能的范围内帮助他人而不是指责他人。他懂得"你要别人怎样对待你,你就得怎样对待别人";懂得"己所不欲,勿施于人";懂得"得到朋友的最好办法是使自己成为别人的朋友";懂得别人是别人而不是自己,因而不能强求,与朋友相处时应存大同、求小异。

2. 善用赞扬和批评。心理学家认为,赞扬能释放一个人身上的能量,调动人的积极性。"赞扬能使赢弱的身体变得强壮,能给恐怖的内心以平静与依赖,能让受伤的神经得到休息和力量,能给身处逆境的人以务求成功的决心。"有报载,一位欧洲妇女出门旅行,她学会了用数国语言讲"谢谢你"、"你真好"、"你真是太棒了!"等,所到之处,都受到热情接待。真心真意,适时适度地表示你对别人的赞扬,赞扬要对人也对事,能够增进彼此的吸引力。

要善于落落大方地说谢谢。我们经常认为特别亲近的人不需要说谢谢,太小的事不需要说谢谢,我们在生活中不太愿意直接表达我们的感谢,而是愿意记在心中。事实上,真诚的发自内心的感谢闪烁着人性的光辉。

与赞扬相对的是批评。一般情况下,应多作赞扬,少用批评,批评是负性刺激。通常只有当用意善良、符合事实、方法得当时,才有可能产生积极的效果,才能促进对方的进步。批评时应注意场合与环境,应对事不对人,不能对一个人产生全盘否定,这样会挫伤对方的积极性与自尊心,应就现在的一件事而不是将以前的事重新翻出来,措辞与态度应是友好的、真诚的。

3. 主动交往。每一个风华正茂的大学生都需要有丰富的人际关系世界,并在这个世界里帮助与被帮助、同情与被同情、爱与被爱、共享欢乐与痛苦。在社会交往中,那些主动始发着交往活动,主动去接纳别人的人,在人际关系上较为自信,主动交往的稀少源于两方面的原因。一是缺乏自信,担心遭到拒绝,担心别人不会像自己期望的那样理解、应答,从而使自己处于窘迫的局面,伤害了自己的自尊。事实上,问题远没有我们想象的那么严重,因为人际关系中,双方都需要适应,需要人际关系支持陌生情境。二是人们在人际关系方面有许多误解,如先同别人打招呼,在别人看来低人一等,"那些善于交往的人左右逢源,都有些世故,有些圆滑","我如此麻烦别人,别人会认为我无能,会讨厌我"等等。大学生的主动交往也很重要,特别是当面临人际危机时,主动解释,消除误解,重新建立良好的人际关系非常重要。

4. 移情。人际关系的本质是人与人之间情感的联系与沟通,情感的沟通越充分,双方共同拥有的心理领域就越大,人际关系就越亲密。移情不是同情,而是交往双方内心情感的共通与同一。人是经验主义者,对别人理解高度依赖于自己的直接经验,因此,自我经验的丰富,是理解与移情的必要前提。

5. 帮助别人。心理学家们发现,以帮助与相互帮助开端的人际关系,不仅良好的第一印象容易确立,而且人与人之间的心理距离可以迅速缩短,使良好的人际关系迅速建立起来。日常生活中的患难之交正说明这一点。所谓"雪中送炭"的心理效应,锦上添花就很重要。

## 二、人际冲突及其调适

每个人都希望生活能充满阳光,都希望友谊能天长地久,都希望人情能温馨美好,但生活总是现实的,人与人之间的冲突是在所难免的,我们总会发现曾经多么亲密的朋友、多么幸福的伴侣最终却分道扬镳、形同陌人。如何才能避免人际冲突的发生及人际关系的破裂,是困扰着每一个大学生的现实问题。

心理学家发现,认清人际冲突或分歧的本质,并学会建设性地处理分歧或冲突,可以有效地减少人际关系恶化和破裂的发生。

首先,我们必须懂得,由于每个人有其不同于任何其他人的经历,有自己独特的情感、理解和利益背景,因此,人与人之间出现不一致或冲突是不可避免的。无论什么样的关系,也无论交往的双方关系有多么深刻、情感有多么融洽,都可能出现冲突。因此,我们在同任何人交往的过程中,都应对可能出现的冲突有所准备。

预计冲突是正确了解冲突并建设性地处理冲突,避免在冲突中付出不必要的更大代价的最有效途径。一般情况下,如果一个人在毫无准备的情况下被直接卷入冲突,那么在整个冲突过程中仍然保持冷静的理性是十分困难的。人是情绪化的动物,在人过于激动的时候,思维会受到明显的干扰,很难保持对事情的正确判断。在激情之中作出对人际关系有害乃至犯罪行为的事是经常性的。

在实际生活中,更多的人际冲突都是可以避免的。学会用移情的方式去体验别人为什么会像他所想的那样言行,可以有效帮助我们正确理解别人,避免判断的错误,也可以防止发生不恰当的体验和行为。对于已经发生了的冲突,如果处理得当,就事论事,往往不会给人际关系带来太大危害。心理学家经过研究,提出了解决冲突的有效步骤。实践证明,这些步骤可以有效帮助人们控制和消除冲突。这些步骤的具体内容是:

第一,相信一切冲突都可以理性而建设性地获得解决;

第二,客观地了解冲突的原因;

第三,具体地描述冲突;

第四,向别人核对自己有关冲突的观念是否客观;

第五,提出可能的解决冲突的办法;

第六,对提出的办法逐一进行评价,筛选出最佳的解决途径,最佳方法必须对双方都最有益;

第七,尝试使用选择出的最佳方法;

第八,评估实现最佳方案的实际效应,并按照给双方带来最大利益和有利于良好人际关系维持的原则给予修正。

在人际交往中,掌握好交往的尺度,采取积极措施进行人际关系的维护也是非常重要的。

第一,尽量避免争论。人与人之间的争论是很正常的事。但是争论往往都以不愉快的结果而结束。事实证明,无论谁赢谁输都会很不舒服。赢者当时可能获得一种心理满足,但很快会被人际关系恶化的阴影所笼罩,一时的满足心理会变得烟消云散。输者的心理挫折感更加强烈,往往会演化为人身攻击,对于人际关系是非常有害的,争论的结果往往是两败俱伤。

第二,不要直接批评、责怪和抱怨别人。直接批评、责怪和抱怨别人会使他人的自尊心和自我价值感受损,尤其是一时面子上感到难堪。有时候只要稍稍改变一些方法,变直接批评、责怪和抱怨为间接的暗示和提醒,效果会好得多,这就是所谓的"坏话好说"的艺术。

第三,勇于承认自己的错误。勇于承认错误是人际关系的润滑剂。当人际关系产生障碍的时候,承认自己的错误是明智之举。虽然承认自己的错误是一种自我否定,但是,承认错误会使自己产生道德感的满足;另外,承认自己的错误是责任感的表现,对他人也具有心理感召力,在此情境中的人际僵局会因此被打破。

第四,学会批评。不到不得已时,决不要自作聪明地批评别人。但是,有时批评是不可避免的。这时学会批评的艺术是维护人际关系的重要策略。卡内基总结的批评的艺术是很值得借鉴的:批评从称赞和诚挚感谢入手;批评前先提到自己的错误;用暗示的方式提醒他人注意自己的错误;领导者应以启发而不是命令来提醒别人的错误;给别人保留面子。

# 附录　情商测试

### 案例导入

无法弥补的是心态

19世纪，美国建筑大王凯迪的女儿和飞机大王克拉奇的儿子，在双方父母的撮合下开始交往。但两个人的交往却并不顺利，总是磕磕绊绊的，争吵时有发生。两家人都是社会上的名流巨富，儿女们的这种关系让他们大伤脑筋，他们甚至担心会发生什么不测。

谁想，担心什么就有什么，令他们震惊的事还是发生了。凯迪的女儿竟然被克拉奇的儿子"毒死"了。

克拉奇的儿子小克拉奇因一级谋杀罪被关进大牢，两家人的身心因此受到沉重的打击，两家人的生活从此也变得暗无天日。但克拉奇的儿子在"事实"面前却拒不承认自己的罪行，这使得凯迪一家非常气愤。而克拉奇一家也在拼命为儿子奔走上诉。如此一来，两家人便结下了深仇大恨。

一年以后，法院做出终审判决，小克拉奇投毒谋杀的罪名成立，被判终身监禁。克拉奇为了能让儿子在今后得到缓刑，也为了消除儿子的罪恶，转弯抹角、不断以重金为凯迪一家做经济补偿，以使凯迪能不时地到狱中为儿子说情。克拉奇每一次的补偿都是巧妙地出现在生意场上，这使得凯迪不得不被动接受。

凯迪每得到克拉奇家族一笔补偿，就像是接过一把刺向自己内心的刀，悲痛难言。凯迪埋怨自己，也埋怨女儿当初怎么就看错了人。而克拉奇全家更是天天生活在自责中，他们怨恨自己为什么没有教育好儿子。

两家人都是美国企业界的辉煌人物，然而生活却如此捉弄他们，让他们不得安生。就这样过了一年又一年，两家人被巨大的阴影所笼罩，从来没有真正笑过。他们承认，这些年为此所付出的心理代价是无法用金钱来计算的。

谁想，20年过去，一件极为偶然的事件使事情全都变了样。一名被判投毒的凶犯一再上诉，不承认自己给人投毒。这时医学已经有了很大的发展，经过多次化验，发现死者原来是因为服用了一种罕见的药物而中毒，与所谓的凶杀毫无关系。

这和20年前克拉奇儿子"谋杀"凯迪女儿的事件一模一样。原来这是一个误判。20年后,克拉奇的儿子被释放出狱。但是整整20年,凯迪与克拉奇两家人,却因为这件事在心中彼此仇恨,他们成了这个世界上受伤最大且最不幸的人。

事实证明,凯迪女儿的死并不涉及善恶情仇。事情引起了美国媒体的关注,面对记者的采访,凯迪与克拉奇两家都说了同样的话:"20年来我们付不起的是:我们已经付出而又无法弥补的心态。"

情商感悟:人生在世,我们常常无法挣脱的正是生活中某类恶性事件对我们情绪与心态所形成的那种漫长的主宰,而就是这种不良情绪和心态毁灭了许多人的生活。所以从现在开始,请利用我们的情商,告诉自己不要去计较,记得要把一切想开或者放下!

## 情商测试一:国际标准情商测试题——测测你的情商是多少?

这是一组欧洲流行的测试题,可口可乐公司、麦当劳公司、诺基亚公司等众多世界500强企业曾经以此作为员工EQ测试的模板,帮助员工了解自己的EQ状况。共33题,测试时间为25分钟,最高EQ为174分。

第1~9题:请从下面的问题中,选择一个和自己最切合的答案。

1. 我有能力克服各种困难:
   A. 是的　　　　　　B. 不一定　　　　　　C. 不是的
2. 如果我能到一个新的环境,我要把生活安排得:
   A. 和从前相仿　　　B. 不一定　　　　　　C. 和从前不一样
3. 一生中,我觉得自己能达到我所预想的目标:
   A. 是的　　　　　　B. 不一定　　　　　　C. 不是的
4. 不知为什么,有些人总是回避或冷淡我:
   A. 不是的　　　　　B. 不一定　　　　　　C. 是的
5. 在大街上,我常常避开我不愿打招呼的人:
   A. 从未如此　　　　B. 偶尔如此　　　　　C. 有时如此
6. 当我集中精力工作时,假如有人在旁边高谈阔论:
   A. 我仍能专心工作　B. 介于A、C之间　　　C. 我不能专心且感到愤怒
7. 我不论到什么地方,都能清楚地辨别方向:
   A. 是的　　　　　　B. 不一定　　　　　　C. 不是的
8. 我热爱所学的专业和所从事的工作:
   A. 是的　　　　　　B. 不一定　　　　　　C. 不是的
9. 气候的变化不会影响我的情绪:
   A. 是的　　　　　　B. 介于A、C之间　　　C. 不是的

第10~16题:请如实回答下列问题,将答案填入右边横线处。

10. 我从不因流言蜚语而生气:_____
    A. 是的　　　　　　B. 介于A、C之间　　　C. 不是的
11. 我善于控制自己的面部表情:_____

A. 是的      B. 不太确定      C. 不是的

12. 在就寝时,我常常:_____
    A. 极易入睡      B. 介于A、C之间      C. 不易入睡
13. 有人侵扰我时,我:_____
    A. 不露声色      B. 介于A、C之间      C. 大声抗议,以泄己愤
14. 在和人争辩或工作出现失误后,我常常感到震颤、精疲力竭,而不能继续安心工作:_____
    A. 不是的      B. 介于A、C之间      C. 是的
15. 我常常被一些无谓的小事困扰:_____
    A. 不是的      B. 介于A、C之间      C. 是的
16. 我宁愿住在僻静的郊区,也不愿住在嘈杂的市区:_____
    A. 不是的      B. 不太确定      C. 是的

第17～25题:在下列问题中,每一题请选择一个和自己最切合的答案。

17. 我被朋友、同事起过绰号挖苦过:
    A. 从来没有      B. 偶尔有过      C. 这是常有的事
18. 有一种事物我吃后呕吐:
    A. 没有      B. 记不清      C. 有
19. 除去看见的世界外,我的心中没有另外的世界:
    A. 没有      B. 记不清      C. 有
20. 我会想到若干年后有什么使自己极为不安的事:
    A. 从来没有想过      B. 偶尔想到过      C. 经常想到
21. 我常常觉得自己的家庭对自己不好,但是我又确切地知道他们的确对我好:
    A. 否      B. 说不清楚      C. 是
22. 每天我一回家就立刻把门关上:
    A. 否      B. 不清楚      C. 是
23. 我坐在小房间里把门关上,但仍觉得心里不安:
    A. 否      B. 偶尔是      C. 是
24. 当一件事需要我作决定时,我常觉得很难:
    A. 否      B. 偶尔是      C. 是
25. 我常用抛硬币、翻纸、抽签之类的游戏来预测吉凶:
    A. 否      B. 偶尔是      C. 是

第26～29题:下面各题,请按实际情况如实回答,仅需回答"是"或"否"即可,在你选择的答案下打"√"。

26. 为了工作我早出晚归,早晨起床我常常感到疲惫不堪:是_____ 否_____
27. 在某种心境下,我会因为困惑陷入空想,将工作搁置下来:是_____ 否_____
28. 我的神经脆弱,稍有刺激就会使我战栗:是_____ 否_____
29. 睡梦中,我常常被噩梦惊醒:是_____ 否_____

第30～33题：本组测试共4题，每题有5种答案，请选择与自己最切合的答案，在你选择的答案下打"√"。

答案标准如下：　　　　　　　1.从不　2.几乎不　3.一半时间　4.大多数时间　5.总是

30. 工作中，我愿意挑战艰巨的任务。　　　　　　　　　　　　1　2　3　4　5
31. 我常发现别人好的意愿。　　　　　　　　　　　　　　　　1　2　3　4　5
32. 我能听取不同的意见，包括对自己的批评。　　　　　　　　1　2　3　4　5
33. 我时常勉励自己，对未来充满希望。　　　　　　　　　　　1　2　3　4　5

【参考答案及计分评估】

计分时请按照计分标准，先算出各部分得分，最后将几部分得分相加，得到的分值即为你的最终得分。

第1～9题，每回答一个A得6分，回答一个B得3分，回答一个C得0分。计＿＿＿＿＿＿分。

第10～16题，每回答一个A得5分，回答一个B得2分，回答一个C得0分。计＿＿＿＿＿＿分。

第17～25题，每回答一个A得5分，回答一个B得2分，回答一个C得0分。计＿＿＿＿＿＿分。

第26～29题，每回答一个"是"得0分，回答一个"否"得5分。计＿＿＿＿＿＿分。

第30～33题，从左至右分数分别为1分、2分、3分、4分、5分。计＿＿＿＿＿＿分。

总计为＿＿＿＿＿＿分。

【专家点评】

近年来，EQ逐渐受到了重视，世界500强企业还将EQ测试作为员工招聘、培训、任命的重要参考标准。看看我们身边，有些人绝顶聪明，IQ很高，却一事无成，甚至有人可以说是某方面的能手，却仍被拒于企业大门之外；相反，许多IQ平庸者，却反而常有令人羡慕的良机、杰出的表现。为什么呢？最大的原因在于EQ的不同！一个人若没有情绪智商，不懂得提高情绪自制力、自我驱使力，也没有同情心和热忱的毅力，就可能是个"EQ低能儿"。通过以上测试，你就能对自己的EQ有所了解。但切记这不是一个求职询问表，用不着有意识地尽量展示你的优点和掩饰你的缺点。如果您真心想对自己有一个判断，那你就不应施加任何粉饰。否则，你应重测一次。

测试后如果你的得分在90分以下，说明你的EQ较低，你常常不能控制自己，极易被自己的情绪所影响。很多时候，你容易被激怒、动火、发脾气，这是非常危险的信号——你的事业可能会毁于你的急躁。对于此，最好的解决办法是能够给不好的东西一个好的解释，保持头脑冷静，使自己心情开朗。正如富兰克林所说："任何人生气都是有理由的，但很少有令人信服的理由。"

如果你的得分在90～129分，说明你的EQ一般，对于一件事，你不同时候的表现可能不一，这与你的意识有关，你比前者更具有EQ意识，但这种意识不是常常都有，因此需要你多加注意、时时提醒。

如果你的得分在130～149分，说明你的EQ较高，你是一个快乐的人，不易恐惧和担忧，对于工作你热情投入、敢于负责，你为人更是正义正直、同情关怀，这是你的优点，应该努力保持。

如果你的EQ在150分以上，那你就是个EQ高手，你的情绪智商不但是你事业的助手，更是你事业有成的一个重要前提条件。

【问题讨论】

1. 你对最后的得分怎么看待？觉得它符合你的情商现状吗？
2. 大家觉得应该怎么样提高情商水平？有没有可行的办法或方案？
3. 如果让你为自己做一份情商改进计划，你会如何做？

## 情商测试二：SCL-90 症状自评量表

《SCL-90 症状自评量表》是世界上最著名的心理健康测试量表之一，是当前使用最为广泛的精神障碍和心理疾病门诊检查量表，将协助您从十个方面来了解自己的心理健康程度。本测验适用对象为 16 岁以上的用户。

SCL 量表包含 90 个问题，测量范围广泛，从感觉、情绪、思维、意识、行为直到生活习惯、人际关系、饮食睡眠等。90 个问题都需要回答，不能有空项。

注意：下列症状你认为自己没有的打 0 分，很轻的打 1 分，中等的打 2 分，偏重的打 3 分，严重的打 4 分。完全凭自己的第一感觉打分，不需要做过多的思考。

另外，作为自评量表，这里的"轻、中、重"的具体含义由自评者自己去体会，不做硬性规定。评定的时间，是"现在"或者是"最近一个星期"的实际感觉。

| 项 目 | 无 | 很轻 | 中等 | 偏重 | 严重 |
|---|---|---|---|---|---|
| 1. 头痛 | | | | | |
| 2. 神经过敏，心中不踏实 | | | | | |
| 3. 头脑中有不必要的想法或字句盘旋 | | | | | |
| 4. 头晕或晕倒 | | | | | |
| 5. 对异性的兴趣减退 | | | | | |
| 6. 对旁人责备求全 | | | | | |
| 7. 感到别人能控制您的思想 | | | | | |
| 8. 责怪别人制造麻烦 | | | | | |
| 9. 忘性大 | | | | | |
| 10. 担心自己的衣饰整齐及仪态的端正 | | | | | |
| 11. 容易烦恼和激动 | | | | | |
| 12. 胸痛 | | | | | |
| 13. 害怕空旷的场所或街道 | | | | | |
| 14. 感到自己的精力下降，活动减慢 | | | | | |
| 15. 想结束自己的生命 | | | | | |
| 16. 听到旁人听不到的声音 | | | | | |
| 17. 发抖 | | | | | |

续表

| 项　目 | 无 | 很轻 | 中等 | 偏重 | 严重 |
|---|---|---|---|---|---|
| 18. 感到大多数人都不可信任 | | | | | |
| 19. 胃口不好 | | | | | |
| 20. 容易哭泣 | | | | | |
| 21. 同异性相处时感到害羞不自在 | | | | | |
| 22. 感到受骗,中了圈套或有人想抓住您 | | | | | |
| 23. 无缘无故地突然感到害怕 | | | | | |
| 24. 自己不能控制地大发脾气 | | | | | |
| 25. 怕单独出门 | | | | | |
| 26. 经常责怪自己 | | | | | |
| 27. 腰痛 | | | | | |
| 28. 感到难以完成任务 | | | | | |
| 29. 感到孤独 | | | | | |
| 30. 感到苦闷 | | | | | |
| 31. 过分担忧 | | | | | |
| 32. 对事物不感兴趣 | | | | | |
| 33. 感到害怕 | | | | | |
| 34. 您的感情容易受到伤害 | | | | | |
| 35. 旁人能知道您的私下想法 | | | | | |
| 36. 感到别人不理解您、不同情您 | | | | | |
| 37. 感到人们对您不友好,不喜欢您 | | | | | |
| 38. 做事必须做得很慢以保证做得正确 | | | | | |
| 39. 心跳得很厉害 | | | | | |
| 40. 恶心或胃部不舒服 | | | | | |
| 41. 感到比不上他人 | | | | | |
| 42. 肌肉酸痛 | | | | | |
| 43. 感到有人在监视您、谈论您 | | | | | |
| 44. 难以入睡 | | | | | |
| 45. 做事必须反复检查 | | | | | |
| 46. 难以做出决定 | | | | | |
| 47. 怕乘电车、公共汽车、地铁或火车 | | | | | |
| 48. 呼吸有困难 | | | | | |
| 49. 一阵阵发冷或发热 | | | | | |

续表

| 项　目 | 无 | 很轻 | 中等 | 偏重 | 严重 |
|---|---|---|---|---|---|
| 50.因为感到害怕而避开某些东西、场合或活动 | | | | | |
| 51.脑子变空了 | | | | | |
| 52.身体发麻或刺痛 | | | | | |
| 53.喉咙有梗塞感 | | | | | |
| 54.感到前途没有希望 | | | | | |
| 55.不能集中注意力 | | | | | |
| 56.感到身体的某一部分软弱无力 | | | | | |
| 57.感到紧张或容易紧张 | | | | | |
| 58.感到手或脚发重 | | | | | |
| 59.想到死亡的事 | | | | | |
| 60.吃得太多 | | | | | |
| 61.当别人看着您或谈论您时感到不自在 | | | | | |
| 62.有一些不属于您自己的想法 | | | | | |
| 63.有想打人或伤害他人的冲动 | | | | | |
| 64.醒得太早 | | | | | |
| 65.必须反复洗手、点数 | | | | | |
| 66.睡得不稳不深 | | | | | |
| 67.有想摔坏或破坏东西的想法 | | | | | |
| 68.有一些别人没有的想法 | | | | | |
| 69.感到对别人神经过敏 | | | | | |
| 70.在商店或电影院等人多的地方感到不自在 | | | | | |
| 71.感到任何事情都很困难 | | | | | |
| 72.一阵阵恐惧或惊恐 | | | | | |
| 73.感到公共场合吃东西很不舒服 | | | | | |
| 74.经常与人争论 | | | | | |
| 75.单独一人时神经很紧张 | | | | | |
| 76.别人对您的成绩没有做出恰当的评价 | | | | | |
| 77.即使和别人在一起也感到孤单 | | | | | |
| 78.感到坐立不安、心神不定 | | | | | |
| 79.感到自己没有什么价值 | | | | | |
| 80.感到熟悉的东西变成陌生或不像是真的 | | | | | |
| 81.大叫或摔东西 | | | | | |

续表

| 项　目 | 无 | 很轻 | 中等 | 偏重 | 严重 |
|---|---|---|---|---|---|
| 82. 害怕会在公共场合晕倒 | | | | | |
| 83. 感到别人想占您的便宜 | | | | | |
| 84. 为一些有关性的想法而很苦恼 | | | | | |
| 85. 您认为应该因为自己的过错而受到惩罚 | | | | | |
| 86. 感到要很快把事情做完 | | | | | |
| 87. 感到自己的身体有严重问题 | | | | | |
| 88. 从未感到和其他人很亲近 | | | | | |
| 89. 感到自己有罪 | | | | | |
| 90. 感到自己的脑子有毛病 | | | | | |

SCL-90量表广泛应用于我国心理咨询中,可以用于自评,也可用于他评。90个问题可概括为9个因子,因子所含项目为:

(1)躯体化:包括1、4、12、27、40、42、48、49、52、53、56、58共12项。该因子主要反映身体的不适感,包括心血管、胃肠道、呼吸等系统的不适及头痛、背痛、肌肉痛及焦虑的其他躯体表现。

(2)强迫症状:包括3、9、10、28、38、45、46、51、55、65共10项。主要指那种明知没有必要,但又无法摆脱的无意义的思想、冲动、行为等表现。还有一些比较一般的感知障碍(如:脑子变空了、记忆力不行了等)也在这一因子中反映。

(3)人际关系敏感:包括6、21、34、36、37、41、61、69、73共9项。主要指不自在感、自卑感等。尤其是在与其他人相比较时更突出。自卑感、懊丧感以及在人事关系方面明显相处不好的人,往往是这一因子的高分对象,与人际交流有关的自我敏感及反向期望也是产生这一方面症状的原因。

(4)抑郁:包括5、14、15、20、22、26、29、30、31、32、54、71、79共13项。抑郁苦闷的感情和心境是代表性症状。还以对生活的兴趣减退、缺乏活动愿望、丧失活动力等为特征,并包括失望、悲观以及与抑郁相联系的其他感知及躯体方面的问题。该因子有几个项目包括了死亡、自杀等概念。

(5)焦虑:包括2、17、23、33、39、57、72、78、80、86共10个项目。它包括一些与临床上明显与焦虑相联系的症状及体验,一般指那些无法静息、神经过敏、紧张及由此产生的躯体征象(如震颤)。

(6)敌对:包括11、24、63、67、74、81共6项。从思维、情感及行为三个方面反映受试者的敌对表现。其项目包括从厌烦、争论、摔物,直至斗争和不可抑制的冲动爆发等各个方面。

(7)恐怖:包括13、25、47、50、70、75、82共7项。反映传统的恐怖状态或恐怖症的内容。恐怖的对象包括出门旅行、空旷场地、人群或公共场合和交通工具。此外,还有反映社交恐怖的项目。

(8)偏执:包括8、18、43、68、76、83共6项。主要是指思维方面,如投射性思维、敌对、猜疑、关系观念、妄想、被动体验和夸大等。

(9)精神病:包括7、16、35、62、77、80、85、87共6项。反映精神分裂症状的项目。有四个项目代表了一级症状:幻听、思维播散、被控制感、思维被插入。

(10)其他项目:包括19、44、59、60、64、66、89共7项。反映睡眠、饮食、死亡观念、自杀倾向等项目。

该测验的记分及检验可有两种方法:一种是看各因子分的值,另一种是看各因子总分。当然,通常在临床或真实病例中,要结合两种数据进行分析。

各因子的因子分的计算方法是:各因子所有项目的分数之和除以因子项目数。例如,强迫症状因子各项目的分数之和假设为30,共有10个项目,所以因子分为3。因子分≥2的:2~2.9为轻度,3~3.8为中度,3.9及以上为重度。即当个体在某一因子分大于2时,即超出正常均分,则个体在该方面就很有可能有心理健康方面的问题,须加以关注。

SCL-90包括9个因子,每一个因子反映出个体某方面的症状情况,通过各因子总分可了解症状分布特点,具体标准可参考下面的介绍。

1. 躯体化

该分量表的得分在0~48分。得分在24分以上,表明个体在身体上有较明显的不适感,并常伴有头痛、肌肉酸痛等症状。得分在12分以下,躯体症状表现不明显。总的说来,得分越高,躯体的不适感越强;得分越低,症状体验越不明显。

2. 强迫症状

该分量表的得分在0~40分。得分在20分以上,强迫症状较明显。得分在10分以下,强迫症状不明显。总的说来,得分越高,表明个体越无法摆脱一些无意义的行为、思想和冲动,并可能表现出一些认知障碍的行为征兆;得分越低,表明个体在此种症状上表现越不明显,没有出现强迫行为。

3. 人际关系敏感

该分量表的得分在0~36分。得分在18分以上,表明个体人际关系较为敏感,人际交往中自卑感较强,并伴有行为症状(如坐立不安、退缩等)。得分在9分以下,表明个体在人际关系上较为正常。总的说来,得分越高,个体在人际交往中表现的问题就越多,自卑、自我中心越突出,并且已表现出消极的期待;得分越低,个体在人际关系上越能应付自如,人际交流自信、胸有成竹,并抱有积极的期待。

4. 抑郁

该分量表的得分在0~52分。得分在26分以上,表明个体的抑郁程度较强,生活缺乏足够的兴趣,缺乏运动活力,极端情况下,可能会有想死亡的思想和自杀的观念。得分在13分以下,表明个体抑郁程度较弱,生活态度乐观积极,充满活力,心境愉快。总的说来,得分越高,抑郁程度越明显;得分越低,抑郁程度越不明显。

5. 焦虑

该分量表的得分在0~40分。得分在20分以上,表明个体较易焦虑,易表现出烦躁、不安静和神经过敏,极端时可能导致惊恐发作。得分在10分以下,表明个体不易焦虑,易表现出安定的状态。总的说来,得分越高,焦虑表现越明显;得分越低,越不会导致焦虑。

6. 敌对

该分量表的得分在0~24分。得分在12分以上,表明个体易表现出敌对的思想、情感和行为。得分在6分以下表明个体容易表现出友好的思想、情感和行为。总的说来,得分越高,个体越容易敌对,好争论,脾气难以控制;得分越低,个体的脾气越温和,待人友好,不喜欢争论、无破坏行为。

#### 7. 恐怖

该分量表的得分在 0～28 分。得分在 14 分以上,表明个体恐怖症状较为明显,常表现出社交、广场和人群恐惧,得分在 7 分以下,表明个体的恐怖症状不明显。总的说来,得分越高,个体越容易对一些场所和物体发生恐惧,并伴有明显的躯体症状;得分越低,个体越不易产生恐怖心理,越能正常地交往和活动。

#### 8. 偏执

该分量表的得分在 0～24 分。得分在 12 分以上,表明个体的偏执症状明显,较易猜疑和敌对,得分在 6 分以下,表明个体的偏执症状不明显。总的说来,得分越高,个体越易偏执,表现出投射性的思维和妄想;得分越低,个体思维越不易走极端。

#### 9. 精神病性

该分量表的得分在 0～40 分。得分在 20 分以上,表明个体的精神病性症状较为明显,得分在 10 分以下,表明个体的精神病性症状不明显。总的说来,得分越高,越多地表现出精神病性症状和行为;得分越低,就越少表现出这些症状和行为。

#### 10. 其他项目(睡眠、饮食等)

作为附加项目或其他,作为第 10 个因子来处理,以便使各因子分之和等于总分。

### 知识拓展

#### 做一个心理健康的检测员

哪些心理现象和行为表现是健康的或是不健康的?作为当代大学生,是必须了解和认识清楚的。结合当代大学生的实际情况,大学生心理健康的标准应该包括以下几个方面:

1. 正常的认识能力

一般来说,大学生的智力(观察力、注意力、记忆力、想象力、思维力等)是正常的,其智力的总体水平高于其他同龄人,关键是看大学生的智力是否能有效地正常发挥,如敏锐的观察力、较强的记忆力、良好的思考力和既稳定又能随任务而转移且善于分配的注意力等是否充分发挥。认识能力首先表现在学习和解决问题的过程中,所以,认识能力正常与否可通过观察其学习方法和学习效果来检测。但是,不能认为学习不好的人其认识能力就不正常,因为认识能力同经验和基础知识等也有一定的关系。

2. 健康的情绪

情绪健康的主要标志是心情愉快、情绪稳定、反应适度。情绪异常往往是心理疾病的先兆。大学生应能经常保持愉快、开朗的心情,善于从生活中寻求乐趣,对生活充满希望,态度积极向上;情绪稳定,具有调节控制自己的情绪以保持与周围环境动态平衡的能力;如果经常笼罩在消极情绪中,忧愁、焦虑、苦闷、恐惧、悲伤而不能自拔,闷闷不乐,则是心理不健康的表现。

3. 优良的意志品质

意志是人意识能动性的集中表现,是人的重要精神支柱。意志健全是指大学生应有坚强的意志品质:目的明确合理,自觉性高;善于分析情况,能果断地作出决定;坚韧,有毅力,心理承受能力强;自制力好,既有实现目标的坚定性,又有克制干扰的愿望、动机、情绪和行为,不放纵任性。一个心理健康的大学生,应有明确、正确的学习和生活目标,并有达到目标的坚定信念和自觉行动,不受有害刺激诱惑,遵纪守法,勇于克服坏习惯,戒除不良嗜好,认准目标便能坚持到底。

### 4. 和谐的人际关系

和谐的人际关系是大学生心理健康的一个重要标志,也是获得心理健康的重要途径和维护心理健康的重要条件。大学生和谐的人际关系体现在:乐意与同学和老师交往,既有稳定而广泛的人际关系,又有自己的知心朋友。在交往中能保持独立完整的人格,不卑不亢,有自知之明。能客观评价他人和自己,善于取人之长补己之短,也能宽以待人、乐于助人,与他人友好相处。

### 5. 健全的人格

健全的人格可视为大学生心理健康的核心因素。所谓健全的人格,是指心理和行为和谐统一的人格。大学生的健全人格包括:人格结构的各要素无明显的缺陷与偏差;具有正确的自我意识,不产生自我同一性混乱;以积极进取的人生观作为人格的核心,并以此为中心把自己的需要、目标和行动统一起来;有相对完整统一的心理特征,个人的所想、所说、所做都是协调一致的,即胸怀坦荡、言行一致、表里如一。如果一个大学生无端怀疑别的同学在讥笑他,无论别人怎样解释,他总是固执己见,就是人格上的一种偏执,是心理不健康的表现。

### 6. 正确的自我评价

正确的自我评价是大学生心理健康的重要条件,大学生在进行自我观察、自我认定、自我判断和自我评价时,能做到自知,恰如其分地认识自己,摆正自己的位置,既不以自己在某些方面高于别人而自傲,也不以某些方面(例如身高、相貌等)低于别人而自卑。面对挫折与困境,能够悦纳自己,即自己喜欢自己,自己接受自己,自尊、自强、自制、自爱适度,正视现实,积极进取。

### 7. 较强的社会适应能力

较强的适应能力是大学生心理健康的主要特征。大学生应能顺应大学的学习、生活和人际关系,迅速完成从中学到大学的转变;对所在学校自然环境能较好适应;能和社会保持良好的接触,正确认识社会、了解社会,其心理行为能顺应社会文化的进步趋势,如果发现自己的需要和愿望与社会需要发生矛盾和冲突时,能迅速进行自我调节和修正,以谋求和社会的协调一致,而不是逃避现实,更不是与社会需要背道而驰。

### 8. 心理行为符合大学生的年龄特征

心理健康与否,总要直接或间接地表现在行为上。在人的生命发展的不同年龄阶段,都有相应的心理行为表现,从而形成不同年龄阶段独特的心理行为模式。大学生应具有与年龄和角色相适应的心理行为特征,即大学生的举止言行应符合其年龄特征,合理的行为是心理健康的体现。

大学生的心理健康状态并非是固定不变的,而是不断变化的。也就是说,心理健康的标准是动态的,而不是静态的。心理健康与否只能反映某一段时间内的特定状态,因此,判断一个人的心理健康状况,不能简单地根据一时一事下结论,而要视其具体情况全面地进行评价。

# 参考文献

[1][美]丹尼尔·戈尔曼.情商(1—4实践版套装)[M].杨春晓译.北京:中信出版社,2010.

[2]徐宪江.哈佛情商课全集:超值珍藏版[M].北京:中国城市出版社,2011.

[3]祁凯.哈佛最神奇的情商课(经典励志珍藏版)[M].北京:中国纺织出版社,2011.

[4][英]肯·琼斯.15个情商培训游戏[M].姚志刚译.上海:上海远东出版社,2006.

[5]李大可.察言观色识人心[M].北京:中国致公出版社,2010.

[6]彭书淮.情商的惊人力量[M].天津:天津科学技术出版社,2009.

[7]玛希雅·休斯,L.博尼塔·帕特森,詹姆斯·布拉德福特·特勒尔.情商培养与训练:46种活动提高你的情商[M].赵雪,赵嘉星译.北京:电子工业出版社,2010.

[8]成杰.我最想上的情商课[M].北京:中国华侨出版社,2012.

[9]梁革兵.一本书读懂情商[M].北京:中国商业出版社,2013.

[10]张一弛.哈佛最受欢迎的人生哲学课[M].北京:中国商业出版社,2013.

[11]弓健.情商决定命运[M].上海:上海科学普及出版社,2012.

[12][美]罗纳德·阿德勒,[美]拉塞尔·普罗克特.沟通的艺术(第15版)[M].北京:北京联合出版公司,2017.

[13]张文光.人际关系与沟通(第2版)[M].北京:机械工业出版社,2018.

[14]戴尔·卡耐基.人性的弱点[M].尹航译.长春:吉林出版集团有限责任公司,2009.

[15][美]罗伯特·阿尔伯蒂,[美]马歇尔·埃蒙斯.应该这样表达你自己:自信和平等的沟通技巧[M].张毅,谭靖译.北京:京华出版社,2009.

[16]曾仕强.人际的奥秘[M].北京:北京联合出版公司,2015.

[17]丁枫.聪明人的9堂情商课[M].北京:中国纺织出版社,2011.

[18]石若坤.每天一堂情商课[M].北京:北京工业大学出版社,2011.

[19]田晴.情商决定命运[M].北京:中国纺织出版社,2006.